高等农林院校系列教材

动物生理学实验

（第二版）

张才乔　主编

科 学 出 版 社

北　京

内 容 简 介

全书分三部分，第一部分动物生理学实验基础介绍常用的实验器械和仪器及其使用方法、常用实验动物和基本的生理手术操作技术、生物信号采集和数据处理方法；第二部分介绍动物生理学52个基本实验，涉及神经和肌肉、血液、血液循环、呼吸、消化、泌尿、神经、内分泌和生殖等内容；第三部分提供实验相关的试题，便于学生自我测试，也可作硕士研究生入学考试复习之用。本教材结合当今生理学先进的实验设备，对生理实验中电和机械等信号的采集和处理实现了计算机化，显著提高实验的效率。

本书可供农林、综合性、师范和医学院校的动物医学、动物科学、生物学、实验动物学和动物学等专业的本科和专科学生使用，也可供药理学和毒理学的师生参考。

图书在版编目（CIP）数据

动物生理学实验 /张才乔主编. —2版.—北京：科学出版社，2014
高等农林院校系列教材
ISBN 978-7-03-040968-3

Ⅰ. ①动… Ⅱ. ①张… Ⅲ. ①动物学–生理学–实验–高等学校–教材 Ⅳ. ①Q4-33

中国版本图书馆CIP数据核字（2014）第121812号

责任编辑：丛 楠 / 责任校对：韩 杨
责任印制：赵 博 / 封面设计：迷底书装

科学出版社出版
北京东黄城根北街16号
邮政编码：100717
http://www.sciencep.com

北京市金木堂数码科技有限公司印刷
科学出版社发行 各地新华书店经销
*

2008年4月第 一 版 开本：720×1000 1/16
2014年6月第 二 版 印张：10 3/4
2026年1月第十五次印刷 字数：216 000

定价：39.80元

（如有印装质量问题，我社负责调换）

《动物生理学实验》（第二版）编委会

主　　编　张才乔

副 主 编　欧阳五庆　胡建民　江青艳　曾卫东

参编人员（按姓氏拼音排序）

艾晓杰　上海交通大学
程天印　湖南农业大学
郭慧君　山东农业大学
胡建民　沈阳农业大学
滑　静　北京农学院
贾　斌　石河子大学
江青艳　华南农业大学
柳巨雄　吉林大学
米玉玲　浙江大学
欧阳五庆　西北农林科技大学
王纯洁　内蒙古农业大学
杨焕民　黑龙江八一农垦大学
曾卫东　浙江大学
张才乔　浙江大学
张淼涛　西北农林科技大学

审　　稿　郑　行　中国农业大学

第二版前言

自1628年威廉·哈维的《心血运动论》问世以来，生理学就在事实上成为一门独立的实验性学科。在开设动物生理学课程的所有专业中，该课程是学生最早接触的专业基础课程之一，其教学方式和理念必将对学生今后的学习和工作产生深远的影响。进入21世纪，高等教育更加注重“人”的培养，培养具备创新意识和创新能力的“人”被提到了前所未有的高度。为此，我们在2008年出版《动物生理学实验》的基础上，结合各兄弟院校在使用本教材中反馈的建议、部分学生的体会和我们对动物生理学实验教学的理解，对其进行了第二版编写，以期更好地服务于人才培养。

在第二版的编写中，鉴于计算机辅助实验教学已经普及的现实，对于生物信号采集处理实验教学系统的介绍进行了适当的归纳和精简；对于具体的实验项目，考虑到各兄弟院校的教学实际情况，设立了 52 个基本实验，增加了血-脑屏障、甲状腺素对蝌蚪变态的影响、垂体摘除对体内某些内分泌腺的影响、雌激素对雌性动物副性器官发育的影响 4 个实验。对探究性实验教学进行了重点梳理，这部分内容依据不同的实验，有的在实验原理中进行提示，有的在重构的思考题中得到体现，采用本教材的院校可根据自身的情况，进行拓展性教学，以更好地促进创新型人才的培养。在此基础上，本版对部分图片进行了更新，对某些实验内容进行了充实。第十章对于近五年学生在硕士研究生入学考试中动物生理学部分的考试内容和较易失分的题型及解答进行了重点梳理，以帮助广大考研的学生更好地掌握动物生理学实验知识，并进一步理清答题思路。

本教材在编写过程中参考了部分国内外动物生理学实验教材，在此本书作者对这些教材的作者深表谢意。在本教材的编写过程中，得到了科学出版社和各兄弟院校众多专家的支持和建议，在此表示诚挚的谢意。限于学识和水平有限，不足之处在所难免，敬请读者批评、指正。

编　者

2014年春于杭州

第一版前言

随着计算机应用技术的快速发展，动物生理学实验仪器和实验方法也得到了迅速发展，对很多经典的动物生理学实验产生了深远的影响。动物生理学实验教学已从过去的理论验证转变为能力的培养，实验也从定性转变为定量，本教材结合当今生理学先进的实验设备的发展对生理实验中电、机械等信号的采集和处理实行了计算机化，显著提高了实验的效率，可提高学生对实验课的学习兴趣，积极主动地进行实验操作。本书除了各章节的验证性实验之外，更重视培养学生客观地对事物及其现象进行观察、比较、分析和综合的能力以及团结协作的精神，特别是通过综合性实验以锻炼学生综合运用理论知识、培养主动分析和解决问题的能力。

本书由国内 10 余所高校的 10 多位教学经验丰富、在动物生理学教学第一线的教师联合编写。内容分三部分，第一部分的实验基础介绍了常用的实验器械和仪器及其使用方法，常用实验动物和基本的生理手术方法、生物信号采集和数据处理方法。其中生物信号采集系统涉及目前在国内使用较多的南京美易公司的 MedLab 系列、成都仪器厂的 RM6240 系列和泰盟的 BL 系列生物信号采集系统。第二部分介绍了动物生理学 48 个基本实验，涉及神经和肌肉、血液和循环、呼吸、消化、泌尿、中枢神经、内分泌和生殖等方面的内容。大多数实验已对信号的采集和处理实行了计算机化，从而提高实验的效率。测定指标实现了量化和统计分析，将普通实验按照科研的模式进行。第三部分针对硕士生入学考试，提供了部分实验试题供考生复习。在附录中介绍了常用生理溶液的配制、常用抗凝剂等。另外，还介绍了实验设计的基本要求和一项综合性实验，使学生学会对某项生理功能展开多方面的研究，为今后进行类似的科研工作奠定基础。

本书可供农林、综合性、师范和医学院校的动物医学、动物科学、生物学等专业的本科和专科生使用，也可供药理和毒理学以及中兽医学的师生参考。

本书参考了部分国内外动物生理学实验教材编写而成。在此，本书作者对这些教材的作者深表谢意。不当之处，敬请读者和同仁予以指正。

编　者

2007 年 12 月

目　录

第二版前言

第一版前言

第一章　动物生理学实验基础……1

一、生理学实验课的目的和要求……1

（一）实验课的目的和要求……1

（二）实验结果的记录……2

（三）实验报告的撰写……3

二、动物生理学实验器械及其操作方法……3

（一）手术器械……4

（二）其他器械……5

（三）器械的消毒……6

三、动物生理学实验仪器……7

（一）电刺激系统……7

（二）生命维持系统……9

（三）信号采集系统……10

（四）计算机生物信号实验系统……12

四、实验动物操作技术……19

（一）常用实验动物介绍……19

（二）动物的标记……21

（三）动物的抓取……21

（四）动物的给药方法……23

（五）动物的麻醉……25

（六）动物体液采集技术……28

（七）实验动物的处死和护理方法……30

（八）动物生理手术基本操作技术……31

（九）部分动物生理学慢性实验手术方法……34

第二章　神经和肌肉……38

§实验1　蟾蜍坐骨神经-腓肠肌标本的制备……38

§实验2　生物电现象的观察……40

§实验3　刺激强度与肌肉收缩的关系……41

§实验 4　强度-时间曲线的测定……42
§实验 5　神经干动作电位观察及其传导速度的测定……43
§实验 6　神经干不应期的测定……46
§实验 7　骨骼肌的单收缩和复合收缩……47
第三章　血液……49
§实验 8　血液组成和红细胞比容的测定……49
§实验 9　血细胞计数……51
§实验 10　血红蛋白含量的测定……54
§实验 11　红细胞渗透脆性的测定……55
§实验 12　红细胞沉降率的测定……57
§实验 13　血量的测定……58
§实验 14　白细胞分类……59
§实验 15　白细胞的机能……61
§实验 16　血液凝固……63
§实验 17　ABO 血型鉴定和交叉配血……64
第四章　血液循环……67
§实验 18　蛙心起搏点分析……67
§实验 19　离体蛙心灌流……68
§实验 20　期前收缩和代偿间歇……70
§实验 21　容积导体及心电传导……72
§实验 22　心电图描记……74
§实验 23　心电与收缩活动的时相关系……76
§实验 24　蛙肠系膜微循环观察……77
§实验 25　动脉血压的直接测定及其影响因素……79
§实验 26　减压神经放电……81
第五章　呼吸……84
§实验 27　胸膜腔内压的测定……84
§实验 28　呼吸运动的调节……85
第六章　消化和能量代谢……88
§实验 29　胃肠运动的直接观察……88
§实验 30　消化道平滑肌的生理特性……89
§实验 31　小肠吸收与渗透压的关系……91
§实验 32　小鼠能量代谢的测定……92
第七章　泌尿……94
§实验 33　影响尿生成的因素……94

第八章　神经 ······ 96
§实验 34　反射弧的分析 ······ 96
§实验 35　脊髓背根和腹根的机能 ······ 98
§实验 36　脊髓反射 ······ 99
§实验 37　交互抑制 ······ 100
§实验 38　小脑的生理作用 ······ 101
§实验 39　大脑皮层的诱发电位 ······ 103
§实验 40　大脑皮层运动区的定位 ······ 104
§实验 41　去大脑僵直 ······ 106
§实验 42　迷路的破坏 ······ 107
§实验 43　血-脑屏障 ······ 108
第九章　内分泌和生殖 ······ 110
§实验 44　甲状腺素对蝌蚪变态的影响 ······ 110
§实验 45　胰岛素和肾上腺素对血糖水平的调节 ······ 111
§实验 46　摘除肾上腺对动物的影响 ······ 112
§实验 47　甲状旁腺摘除对血钙水平的影响 ······ 113
§实验 48　垂体摘除对体内某些内分泌腺的影响 ······ 114
§实验 49　雄激素对鸡冠发育的作用 ······ 115
§实验 50　雌激素对雌性动物副性器官发育的影响 ······ 116
§实验 51　大鼠离体子宫平滑肌的运动描记 ······ 118
§实验 52　蛙的受精及卵裂的观察 ······ 120
第十章　动物生理学实验试题 ······ 122
一、实验试题 ······ 122
（一）选择题 ······ 122
（二）名词解释 ······ 129
（三）问答题 ······ 129
（四）实验考试例题 ······ 131
二、实验试题答案 ······ 131
（一）选择题 ······ 131
（二）名词解释题 ······ 132
（三）问答题 ······ 135
（四）实验考试例题答案 ······ 146
主要参考文献 ······ 149
附录 ······ 150
§附录 1　常用生理盐溶液的配制 ······ 150

§附录 2　常用抗凝剂 ……151
§附录 3　实验设计 ……151
§附录 4　常用统计指标和方法 ……153
§附录 5　综合性实验示例：消化液的消化作用及其分泌的调节 ……156

第一章　动物生理学实验基础

一、生理学实验课的目的和要求

（一）实验课的目的和要求

动物生理学是一门实验科学，其实验课的目的是通过实验使学生逐步掌握动物生理学实验的基本操作技术，了解获得动物生理学知识的实验方法，以及验证某些生理学基本理论，有助于理解、巩固和掌握相应的理论内容。更重要的是，通过实验可使学生学会科学的思维方法，提高分析问题和解决问题的能力，培养学生对科学实验认真的态度、创新的精神、缜密的方法和实事求是的工作作风，逐步培养学生对生理学现象进行观察比较、分析综合和独立思考的能力。

在整个实验过程中应达到以下要求。

1. 实验前要求

（1）仔细阅读实验教材，了解实验的目的、原理、操作步骤和注意事项。

（2）结合实验内容复习有关理论，理解实验的理论背景知识。

（3）熟悉所用仪器的性能和手术的基本操作方法。

（4）对于可能出现非预期的情况建立预案。

（5）实验小组内人员进行分工，在确保实验顺利进行的同时兼顾每个人的动手机会。

2. 实验中要求

（1）认真聆听指导教师的讲解，观察示教操作。

（2）按照实验步骤进行实验，不进行与实验无关的活动。

（3）仔细、耐心地观察和记录实验过程中出现的各种现象，认真思考和分析。如出现了什么现象？原因何在？这种现象有何生理意义？

（4）实验过程出现疑难之处，先自己设法排除，若解决不了再向指导教师请教。

（5）爱护实验设备，节省实验材料和药品。

（6）注意个人安全，正确对动物进行实验操作，特别是使用易燃易爆和腐蚀性试剂时要按照操作规程进行操作。

3. 实验后要求

（1）将实验所用器械擦洗干净并妥善安放。如有损坏或缺少，应及时向任课教师报告。

（2）做好实验室的清洁工作，检查水电，关好门窗，将实验动物处死后安置于指定地点。

（3）整理实验记录，进行合理的分析处理后做出实验结论。

（4）认真撰写实验报告，按时交任课教师批阅。

（5）思考本实验内容是否还可进行拓展？利用本次实验可进行哪些探究性实验？

（二）实验结果的记录

实验结果的记录是所有实验操作中最重要的部分，应将实验过程中所观察到的现象客观地记录下来。凡属于测量性质的结果，如高低、长短、数量和速度等，均应以正确的单位和数值定量，如呼吸频率，不能只说加快或减慢，而应标出呼吸频率加快或减慢的具体数值和单位。凡有曲线记录的实验，都应在曲线上标注说明（如标注刺激记号、具体项目）等。

实验结果的记录要求是：①真实性。真实地记录实验结果和现象，不管实验结果与自己预测的是否相同，都应实事求是地记录下来，要真正反映客观事实。②原始性。及时记录实验最原始的现象和数据。③条理性。记录要整洁而有序，学会用简明的词语记下完整的结果，以便于实验结束后整理和分析。④完整性。完整的实验记录应包括题目、方法和步骤、结果、实验日期和实验者要素等。

实验过程中所得到的结果应以实验教学班为单位进行整理和分析，求出平均数、标准差及进行差异显著性检验。对于实验过程始终进行连续记录的曲线，可以将有代表性的曲线进行编辑，并作出相应的注释。实验所获数据、资料进行必要的统计学处理之后，为了便于比较、分析，提倡实验结果中某变量的增减及诸变量之间的相互关系以图表的方式明确地表达出来，这种直观的印象有助于理解和记忆，而且可以节约文字。

图表的绘制是动物生理学实验的基本要求，也是今后科学研究资料整理和论文写作的一项必不可少的技能。做表时，一般将观察项目（如刺激的各种条件）列在表内左侧，由上向下逐项填入，表的右侧可按时间或数量变化的顺序由左至右逐格写入。绘图时，根据是否为连续性的变化，常选用曲线图和柱状图。

1）曲线图　当一个变量的不同数值与另一变量呈现连续变化时，可采用曲线图的形式。一般说，两个变量中的一个将从属于一个有意改变的因素（如药物、刺激等），这一变量称为从属变量；而另一变量则不是实验因素影响所造成的变化（如时间），此为独立变量。习惯上，以横坐标表示独立变量，而以纵坐标表示从属变量。

为了区分对照组与实验各组的数据，常用实线/虚线结合各种图形（如○、●、□、Δ、◆、◊）表示各组的变化曲线及其数据点。分别将各组数据的各个点连起来，绘成曲线以表示数据的变化趋势。

为了用曲线图表示各点间统计学差异的意义，可以在图中使用标准差或标准误。表达方式是在数据点的上、下或单边划一适宜长度的垂直线，两端标以细的水平短线。垂直线的全长必须与标准差或标准误相一致，如果对照组与实验组在曲线上有重叠，为使曲线清晰，便于识别，可以在横坐标方向上把各数据点稍移动一点。

有时实验所得到的个别数值过于分散，因而不适于用这些数值绘制曲线，这时可计算出对照组与相应实验组数值差异的百分数，即（对照组数据–实验组数据）÷对照组数据×100%，然后分别求其平均数，并将其绘制于曲线图上，这样的相对数值常显示出比原来的绝对值更为集中，更能表现出实验结果的变化趋势。

2）柱状图　柱状图适用于比较在不同情况下所收集到的一系列数据，这些数据是不连续的或性质不同的。例如，从不同种类的动物体上收集到安静情况下的血压、心率、体温、呼吸频率等，可以用柱状图加以说明。柱状图可以横向设计，也可以纵向设计。无论哪种设计，均须注意宽度与高度的比例及它们之间的距离，以免出现过高或过宽的图状。柱状图也可用于两组间的比较，但需将实验组与对照组加以区分，以便辨别。在柱上加标准差或标准误以表示一组数据的离散程度。表达方式是在柱状图的顶端标以适当长度的垂直线，线的两端标以细的水平短线。垂直线的1/2在直方形内，另1/2在直方形外。也可只标出直方形外的那一部分。直方形内外垂直线的长度必须相同，并与所求得的标准差或标准误完全一致。

绘制图形后，需注明图号和图注，图注应明确简练，图号与图注应写于图的下方。所有的图解均需仔细标记，标明坐标轴上的变量数值及其单位。多组比较的曲线图应注明组别。在设计图解时，应在坐标轴上选择适宜的标度，使曲线在图中均匀分布，不致过于集中。如果实验结果中没有接近零位的数值，最好只绘出实际出现的坐标区域，以免曲线过于集中。

（三）实验报告的撰写

每次实验后每个学生必须及时撰写实验报告。实验报告写作应注意文字简练、通顺、书写清楚、整洁。在使用计算机辅助生物信号实验系统进行实验时，实验报告尽量采用网上提交。实验报告的主要内容包括：①姓名、专业、班级、组别、日期、温度和湿度等。②序号与实验名称。③实验目的。④方法和步骤：记录本次实验的操作方法及其步骤，不必详述。对照实验指导，如果实验仪器或方法临时有所变更，或因操作技术影响观察的可靠性时，可作简短说明。⑤结果。描述实验中出现的现象，提供必要的数据和图片，可辅助表格和数据图，使结果更为清晰。⑥讨论和结论：实验结果的讨论是根据已知的理论知识对结果进行解释和分析。要判断实验结果是否为预期的，如果出现非预期的结果，应该考虑和分析其可能的原因，还要指出此结果的生理意义。实验结论是从实验结果中归纳出来的一般的、概括性的判断，也就是这一实验所能验证的概念、原则或理论的简明总结。结论中一般不要罗列具体的结果。在实验结果中未能得到充分证明的理论分析，不要写入结论。实验的讨论和结论的书写是带有创造性的工作，应严肃认真，不要盲目照抄书本。如果参考课外读物，应注明出处。

二、动物生理学实验器械及其操作方法

动物生理学实验常用的器械较多，在此作一简单介绍。

（一）手术器械

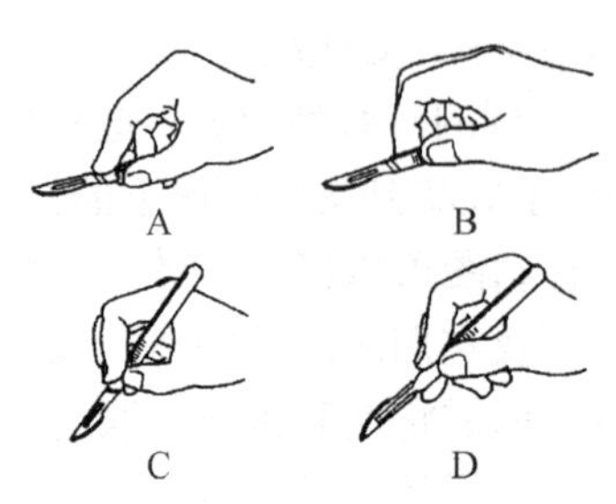

图 1.1　执刀方法

A. 执弓式；B. 握持式；C. 执笔式；D. 反挑式

1. 手术刀　用于切开和解剖组织，由刀柄和刀片两部分组成，可根据手术部位与性质，选择大小不同的刀片。

常用的执刀法有 4 种（图 1.1）。

1）执弓式　为最常用的一种执刀方式，动作范围广而灵活，用于腹部、颈部或股部的皮肤切口。

2）握持式　用于切割短小切口，用力轻柔而操作精细，如解剖血管、神经，作腹膜小切口等。

3）执笔式　用于切割范围较广、用力较大的切口，如截肢、较长的皮肤切口等。

4）反挑式　用于向上挑开，以免损伤深部组织，如挑开脓包等。

2. 手术剪　主要用于剪皮肤或肌肉等软组织。此外也可用来分离组织，即利用剪刀的尖端插入组织间隙，分离无大血管的结缔组织等。手术剪分尖头剪和钝头剪，其尖端有直、弯两种。另外还有一种小型手术剪，叫眼科剪，主要用于剪切小血管或神经等柔软组织，眼科剪也有直头与弯头之分。正确的执剪姿势如图 1.2 所示。

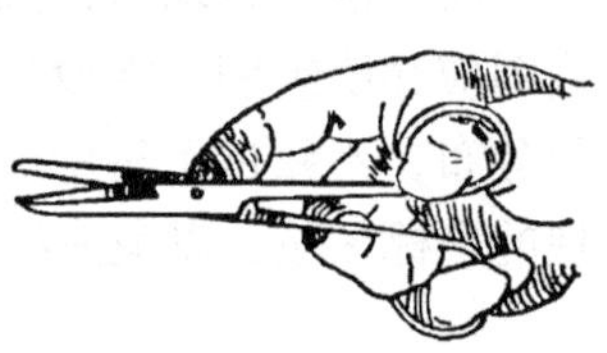

图 1.2　执剪法

3. 止血钳　用于钳夹血管或出血点，以达到止血的目的。也用于分离组织、牵引缝线、把持和拔出缝针等。执止血钳的姿势与执手术剪姿势相同（图 1.3）。开放止血钳的手法是：利用右手已套入止血钳环口的拇指与无名指相对挤压，继而以旋开的动作开放止血钳。止血钳按手术所需，分直或弯、有齿或无齿、长柄、无损伤及大中小等各类型。

图 1.3　执钳法

4. 持针钳　用于把持缝针，缝合各种组织。使用时应利用持针钳的最前端夹持缝针，而缝针被夹持的部位应在缝针尾端和中部始交界处。执持针钳与执手术剪姿势相同，但为了缝合方便，可不必将拇指和无名指套入环口中，而把持于近端柄处。

5. 手术镊　主要用于夹持或提起组织，以便于剥离、剪开或缝合。手术镊分有齿和无齿两种。前者用于把持较坚韧的组织，如皮肤、筋膜、肌腱等。后者用于把持脆弱的组织，如血管、神经和黏膜。正确的执镊方法如图 1.4 所示。

6. 骨钳　主要用于咬切骨组织，如打开颅腔或骨髓腔等。骨钳分为剪刀式和小蝶式两种（图 1.5），前者适用于咬断骨质，后者适用于咬切骨片。

7. 颅骨钻　主要用于开颅时钻孔（图 1.6）。

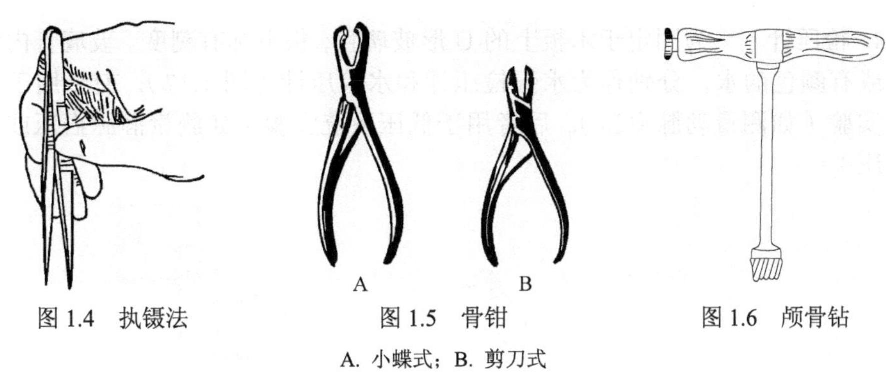

图 1.4　执镊法　　图 1.5　骨钳　　图 1.6　颅骨钻

A. 小蝶式；B. 剪刀式

8. 毁髓针　专门用来毁坏蛙类脑髓和脊髓的器械，分为针柄和针部（图 1.7）。

9. 玻璃分针　专用于分离神经与血管的工具。有直头与弯头之分，尖端圆滑（图 1.8）。

10. 缝针　用于缝合各种组织。缝针有圆针和三棱针两种，又有直型和弯型之别，而且大小不一。圆针多用于缝合软组织，三棱针用于缝合皮肤，弯针用于缝合深部组织。

（二）其他器械

1. 动脉夹　主要用于短期阻断动脉血流，如在插动脉套管时用（图 1.9）。

2. 蛙心夹　使用时将蛙心夹的前端夹住蛙心尖部，另一端借助丝线连于换能器上进行心脏活动的记录（图 1.10）。

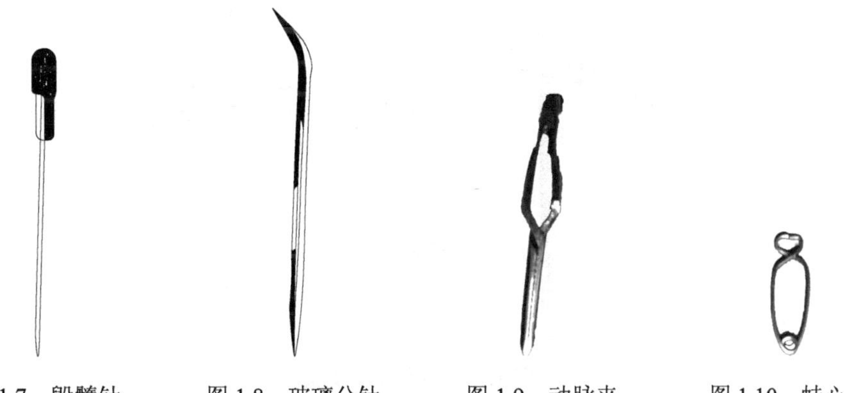

图 1.7　毁髓针　　图 1.8　玻璃分针　　图 1.9　动脉夹　　图 1.10　蛙心夹

3. 各种插管　根据实验的目的和方法的不同，在动物生理学实验中需用到各类插管，以作引导各生物信号之用和维持动物生命活动之需。如引导胸内负压所用的孟氏导管（图 1.11A）；用于急性动物实验时插入气管，以保证呼吸通畅或记录呼吸运动信号的气管插管（图 1.11B）；用粗细不同的塑料管制成动脉、静脉、输尿管插管等。

4. 检压计　为固定于木板上的U形玻璃管，板上标有刻度。玻璃管内装有水银或有颜色的水，分别称为水银检压计和水检压计（图1.12），前者用于高压系统实验（如测量动脉血压），后者用于低压系统实验（如测量静脉血压或胸膜腔内压）。

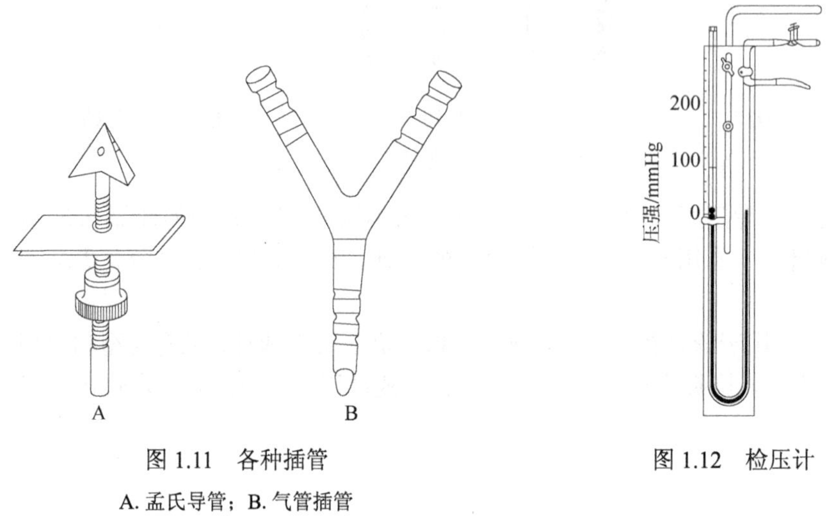

图1.11　各种插管

A. 孟氏导管；B. 气管插管

图1.12　检压计

5. 实验支架　一般为在铁架台的基础上增加一个适用于某些实验专用的装置而成，图1.13示专用于夹持血压换能器的支架和万能支架。

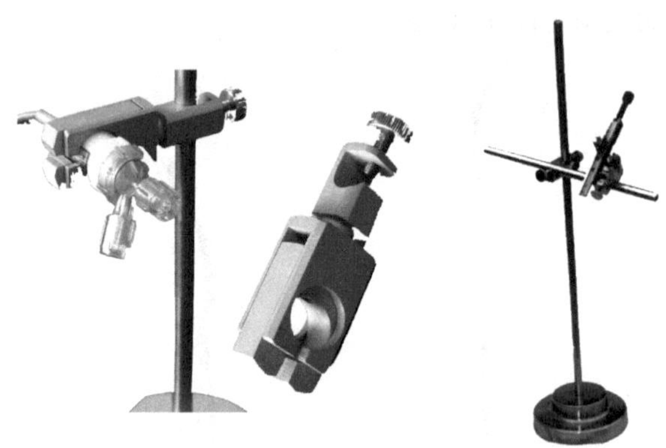

图1.13　各种实验支架

（三）器械的消毒

慢性动物实验所用的器械必须进行消毒。金属器械的灭菌除了带刃的切割器械外，其他均可使用煮沸灭菌方法。在煮沸灭菌锅中装入蒸馏水，加入2%碳酸氢钠，加热煮沸20min，取出烘干。注射器等簿玻璃制品也可煮沸消毒。带刃的金属器械和缝针及缝线用1∶1000稀释的苯扎溴铵（新洁尔灭）溶液浸泡30min以上，使用前用灭菌创巾擦干即可。

三、动物生理学实验仪器

动物生理学实验主要是用各种实验手段对正常动物生理机能进行实验与观察，以探讨生理机能内在的规律性。实验所涉及的仪器较多，如电刺激器、刺激隔离器、放大器、记录仪、示波器等。在此将这些类别的仪器从功能上分为电刺激系统、生命维持系统、信号采集系统和计算机生物信号实验系统四类。

（一）电刺激系统

多种刺激因素如声、光、电、温度、机械及化学因素均能使可兴奋组织产生反应，但在动物生理学实验上最常用的是刺激参数易于控制却不易对实验对象产生影响的电刺激。常用的刺激系统设备主要为电刺激器、刺激隔离器、锌铜弓等。

1. 电刺激器　电刺激器所产生的波形有方波、正弦波和锯齿波，其中，方波的波形简单、强度变化率大、参数易控而常用（图 1.14）。

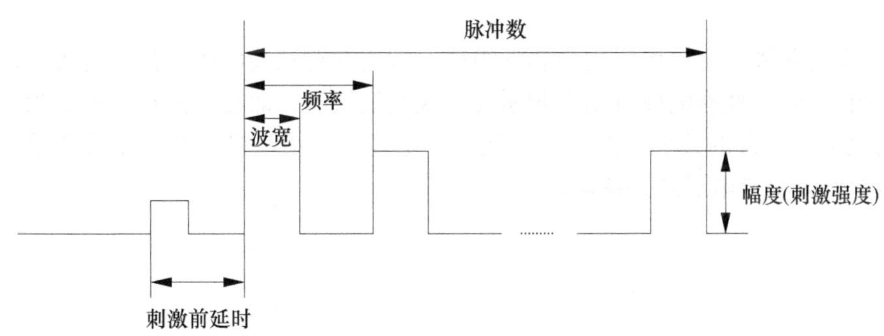

图 1.14　刺激脉冲参数示意图

1）刺激强度　刺激强度指方波幅度，可用电压或电流表示。电流强度从几微安到几十毫安，电压一般在 200V 之内。刺激强度过小，不能使实验对象兴奋，刺激强度过大，则可引起组织内电解和热效应而使其损伤。因此，在实验过程中应注意给予适宜的刺激强度。

2）刺激时间　刺激时间指方波的持续时间，又称波宽。一般刺激器的持续时间从几十毫秒到数秒。

3）脉冲数　脉冲数指串脉冲（单刺激或双刺激）时的刺激脉冲个数。

4）波间隔　波间隔指刺激时第一个刺激脉冲和第二个刺激脉冲之间的时间间隔。

5）刺激频率　刺激频率指单位时间内的刺激次数，一般不超过 1000 次/s。刺激频率的选择根据实验对象的不同而变化。

6）同步脉冲　同步脉冲表示一次刺激的时间起点。同步脉冲的使用可以使整个实验系统的各仪器具备一个共同的时间起点，以保持时间上的同步。如刺激器的同步脉冲输出到示波器的同步输入来触发其进行一次扫描，也可送到另一台刺激器使两台刺激器之间保持一个特定的时间关系。

7）延迟　延迟是指从同步脉冲到刺激方波的出现的时间差。调节延迟可控制方波出现的时机，以利于实验现象的记录和观察。两台同步的刺激器亦可通过调节延迟来控制其先后次序和时间间隔。

2. 刺激伪迹与刺激隔离器　由于刺激器和放大器有公共接地端，导致一部分电流经刺激器的输出和放大器的输入，使记录系统记录下一个由刺激电流产生的波形，称刺激伪迹。为了减小刺激伪迹，常在刺激器输出端接一刺激隔离器，使刺激电流的两个输出端与地隔离，切断了刺激电流从公共地线返回的可能。

3. 锌铜弓　锌铜弓是最常用和最简单的刺激工具（图 1.15），常用于检验标本生物活性和给予单个刺激。锌铜弓由铜和锌两种金属制成，当锌铜弓的两极湿润后与组织接触时，其产生的电位差所形成的电流沿 Zn→组织→Cu 方向流动而对标本产生刺激作用。

4. 刺激电极　刺激电极常用于刺激标本（输出刺激信号）或用于引导生物电信号。

1）金属电极　金属电极用金属丝组成，常用的有双线电极、保护电极、乏极化电极（图 1.16）。直露电极可用于刺激皮肤或其他组织；而在刺激神经时，为了避免同时刺激神经附近的其他组织，必须用保护电极或闭锁电极。在电生理实验中常用不锈钢丝作为引导电极或刺激电极。

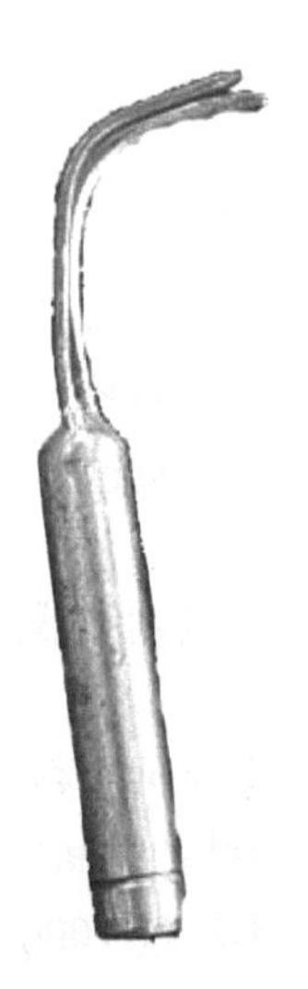

图 1.15　锌铜弓

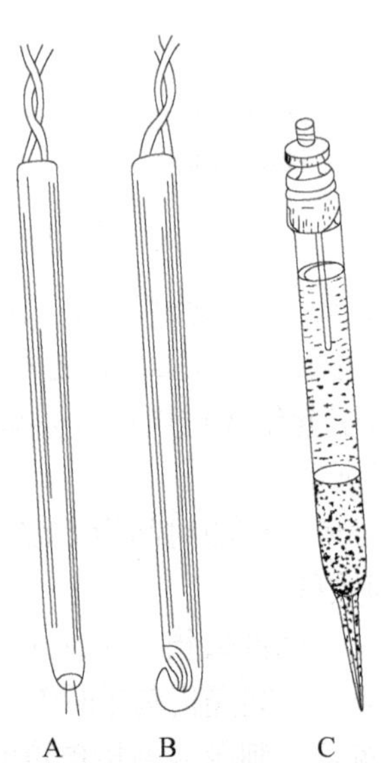

图 1.16　刺激电极

A.双线电极；B.保护电极；C.乏极化电极

2）乏极化电极　用直流电直接接触生物组织进行刺激时，会产生极化作用。因此为了避免极化作用，可用乏极化电极，常用的乏极化电极是氯化银电极。

3）同心圆电极　其外形似注射针，内装绝缘的不锈钢丝，作为埋植组织深部之用。

（二）生命维持系统

在进行动物生理学实验过程中，经常需要对实验对象加以一定的处理以利于更好地进行操作和观察，为使处理后的实验对象更好地维持生命活动，需要有相应的设备和措施来对其进行保证。

1. 动物人工呼吸机　动物人工呼吸机主要用于控制动物呼吸。当对动物使用某种麻醉剂或打开其胸腔后不能进行自主呼吸时，可帮助动物进行被动呼吸，以使实验顺利进行。

2. 恒温浴槽　恒温浴槽（图 1.17）主要为离体组织、器官提供一个近似于体内的环境。其工作原理是将离体组织、器官置于含有生理盐溶液的麦氏浴皿（或类似功能的器皿）中，恒温浴槽为其提供一个恒定的目标温度，有的恒温浴槽还具有恒温生理盐溶液和氧气进出口。在条件简单的实验室，若具备麦氏浴皿则可利用酒精灯或水浴锅为其提供恒温。

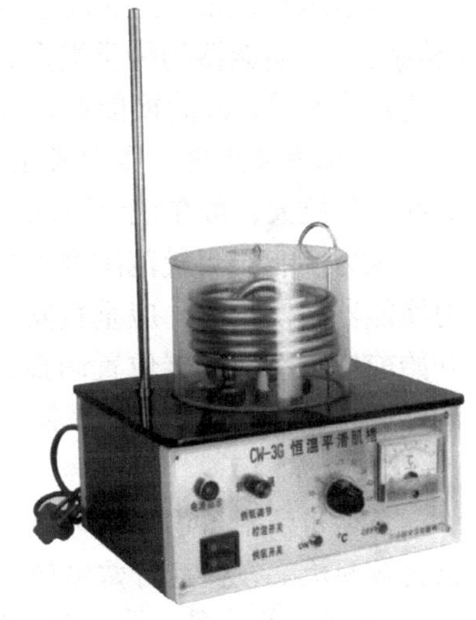

图 1.17　恒温浴槽

3. 微循环恒温浴槽　微循环恒温浴槽是借助显微镜观察、研究肠系膜微循环的装置（图 1.18）。一般也可配置其他灌流槽作多种微循环观察。

4. 神经屏蔽盒　神经屏蔽盒为进行离体神经干类实验时的必备设备（图 1.19）。其外壳为金属，能屏蔽外界的干扰。内配有相应的银丝电极，作为刺激和电位引导电极。

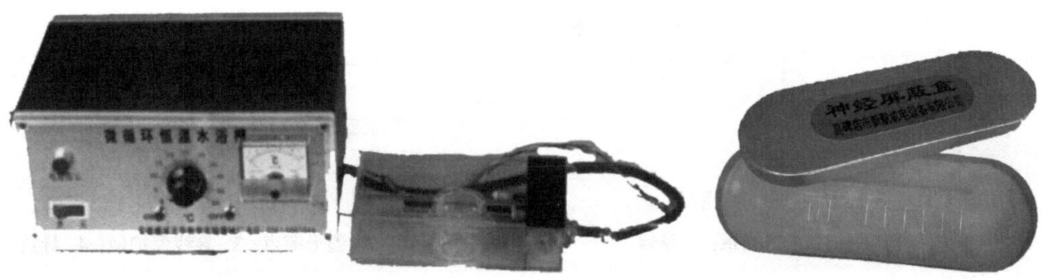

图 1.18　微循环恒温浴槽

图 1.19　神经屏蔽盒

（三）信号采集系统

1. 微电极　微电极按材料分为金属微电极和玻璃微电极。玻璃微电极较常见，是由一根尖端外径 1μm 左右的锥形微玻管中灌注导电溶液而制成。可用于细胞外记录，也可用于细胞内记录，广泛应用于神经细胞、骨骼肌细胞、心肌细胞、平滑肌细胞、各种感受器和分泌腺细胞等的研究。

2. 换能器　动物机体的很多生理活动都能以非电能形式表现出来，要对这些非电能信号进行记录，就必须将它们转换成电信号，并经过放大，才能在记录系统上进行显示和记录。这种将生理活动的非电量信号转换成电信号的设备称为换能器（传感器）。换能器的种类繁多，如压力换能器、肌肉张力换能器、呼吸换能器、呼吸流量换能器、液滴换能器、温度换能器、心音换能器、胃肠运动换能器等。

1）压力换能器　压力换能器能将压力变化的信号转换为电信号，经压力放大器将此信号放大，可在记录系统上直接进行记录（图 1.20）。

压力换能器测量范围因型号不同而有差异，需根据具体信号特性采用相应的压力换能器。使用时，应垂直安放，使其转换时零点变化小，排除气泡亦方便。实验开始前应先将换能器位置调整合适，固定后再与记录系统相连。接通换能器前应先调好记录系统放大部分的平衡，使基线位于零线。

【注意事项】

严禁用注射器向密闭的测压系统管道内推注液体；避免碰撞，以免断丝；与记录设备初次配合使用时需定标。

2）张力换能器　张力换能器可用于各器官如心脏、胃肠、子宫、胆道、血管和气管等肌肉的舒缩活动记录。原理与压力换能器类同。

张力换能器由换能头、柄和输出导线等组成。换能头是一个弹性较好的悬梁式传感器；悬梁臂的游离端有一小孔供悬挂标本用。其外形如图 1.21 所示。使用时先将双凹夹夹住换能头，固定在铁支柱上，然后将换能头的输出导线端直接插入记录系统输入口。受试标本一端固定，另一端连接在换能器悬梁臂游离端的受力点上。张力换能器有不同规格，根据实验所需张力大小予以正确选择。

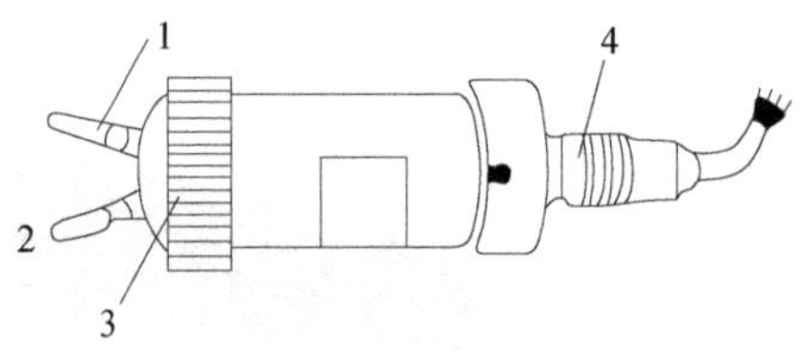

图 1.20　压力换能器

1，2.连通口；3.透明罩；4.导线

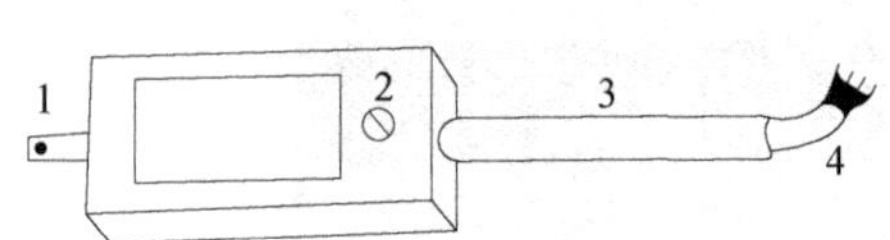

图 1.21　张力换能器

1. 弹性悬梁；2. 调平衡点；3. 导线保护柄；4. 导线

【注意事项】

不能用手牵拉弹性悬梁和超量加载。张力换能器的弹性悬梁屈服极限为量程的

2～3 倍，如量程为 5g 的换能器在施加了 15g 力后，弹性悬梁将不能恢复其形状，即换能器被损坏。

3）呼吸流量换能器　呼吸流量换能器由差压阀、差压换能器和放大器组成（图 1.22），可以测呼吸波（潮气量）和呼吸流量。使用时可直接连接到动物的气管上进行测量。

4）其他换能器　呼吸换能器（图 1.23）、液滴换能器（图 1.24）、温度换能器（图 1.25）、心音换能器、胃肠运动换能器等。

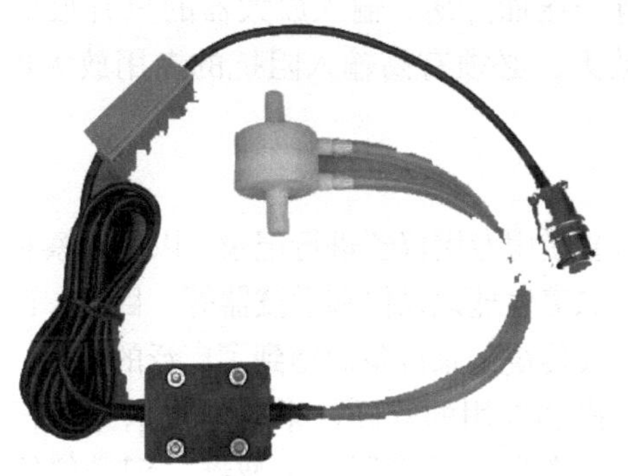

图 1.22　呼吸流量换能器

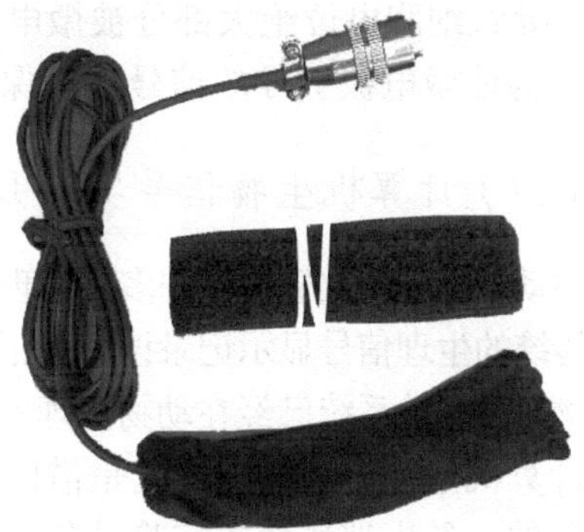

图 1.23　捆绑式呼吸换能器

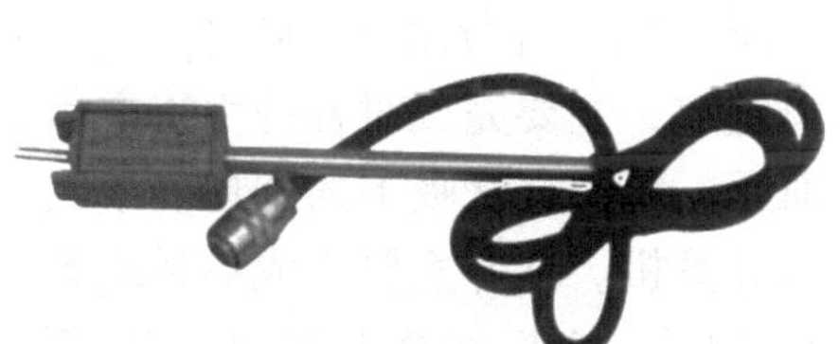

图 1.24　液滴换能器

图 1.25　CW100 型温度换能器

3. 前置放大器　前置放大器的功能是将微弱的生物电信号进行初级放大，供主放大器使用。前置放大器的主要性能指标：

1）频率响应　放大器对不同频率的信号具有不同的放大功能，其上下限之间的频率范围即为放大器的频率响应范围，简称频响，亦称通频带。一般要求频响交流放大器为 10～15 kHz，直流放大器为 0～10 kHz。

2）时间常数　时间常数为高低频补偿或衰减，其选择正确与否对图形是否清晰、正确、不失真起着极其重要的作用。在记录快信号时，时间常数可选小一些；在记录慢信号时，时间常数可选大一些；这样可以减少低频的干扰。

3）增益　增益指放大器放大信号的能力，为输出电压和输入电压之比。最大放大倍数不得小于 1000 倍。

4）信噪比　放大器在放大目标信号的同时亦将电流干扰波放大，在此，电流干扰波被称为噪声。电子学上常用信号噪声比（信噪比）来表示放大器放大信号的性能。信噪比为信号功率与信噪功率之比。只有信噪比不小于 1 时，目标信号才能得到有效放大。

4. 微电极放大器　在细胞水平记录生物信号时，由于微电极的电阻较高，能达到 10MΩ甚至于 100MΩ。使用输入阻抗只有 1～2MΩ的前置放大器对其进行放大时，导致细胞电位绝大部分被微电极自身分压而降落，输入放大器的只有很少一部分。为使微电极引导的信号被高保真地放大，必须有高输入阻抗的专用放大器。

（四）计算机生物信号实验系统

在动物生理学实验中，许多生理现象均需要使用专用仪器进行记录，以便观察和测量。传统的生理信号显示记录设备为记纹鼓、二道生理记录仪和示波器等。目前，计算机生物信号实验系统已经在动物生理实验中取代传统记录设备而得到了广泛的应用。

计算机生物信号实验系统是借助于计算机和专用的软硬件来对生物信号进行采集处理的一种生理科学类实验设备。它具有刺激器、放大器、示波器、记录仪等多种仪器的组合功能和后续分析处理能力，目前已广泛应用于生理学、药理学和病理生理学等学科的教学与科研实验。现阶段实验教学用的计算机生物信号实验系统以 Windows 为操作系统并采用 USB 技术的四通道计算机生物信号实验系统为主。

1. 计算机生物信号实验系统概述

1）系统组成与基本工作原理　由硬件与软件两大部分组成。硬件一般由程控刺激器、程控放大器和数据采集卡及各类接口组成，主要完成对各种生物电信号（如心电、肌电、脑电）与非生物电信号（如血压、张力、呼吸）的调理和放大，并进而对信号进行模/数（A/D）转换，使之进入计算机。软件主要完成对系统各部分进行控制和对已经数字化的生物信号进行显示、记录、存储、处理及打印输出（图 1.26）。

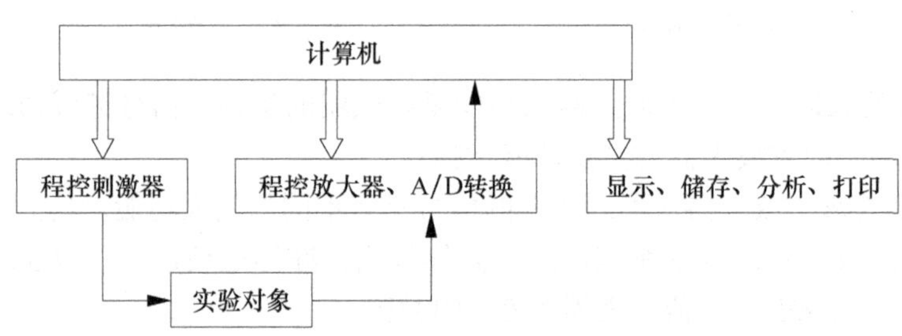

图 1.26　计算机生物信号实验系统工作原理示意图

2）一般生物信号采集的实验设置　计算机生物信号实验系统能对实验过程和实验参数进行程序化，因而简化了实验过程和预置。掌握实验的一般流程、配置实验和刺激参数设置的方法，是用好计算机生物信号实验系统的关键。根据工作原理，一般实验可按下列步骤设置：①是否需要刺激？②是否需要传感器？③直流输入还是交流输入？④放大倍数多少？⑤对模拟信号参数离散采样，采样速度的快慢？⑥是否对数据进行数字滤波？⑦用什么方式作图？⑧采样时处理哪些数据，指标有哪些？⑨采样数据是否存盘？⑩数据是否作进一步处理？

3）*启动生物信号系统进行采样的方法*　启动计算机生物信号实验系统的方法和启动常用办公软件类同，启动不同的生物信号系统进行采样与显示的方法基本相似，一般可以用双击桌面相应“计算机生物信号实验系统”快捷方式的方法启动软件，在此基础上可采用以下某类方法进入某一实验项目工作：

第一种方法，根据实验目的对“采样条件”进行设置的方式来启动系统进行采样。

第二种方法，从“实验项目”菜单中选择自己需要的实验项目。

第三种方法，通过“打开上一次实验”来实现。

第四种方法，通过“文件”菜单中的“打开配置”命令来实现。

4）*系统故障排除一般步骤*　在系统工作出现异常时，用户首先应当确定：①实验环境是否发生了变化？②信号输出的方法是否正确？传感器是否正确？③系统接地屏蔽是否良好？有无干扰进入环境？④计算机是否工作正常（CPU、内存和硬盘工作是否正常）？⑤操作系统有无问题？是否感染了病毒？

2. 计算机生物信号实验系统介绍　目前，在国内使用较多的计算机生物信号实验系统有南京美易公司生产的 MedLab 系列、成都仪器厂生产的 RM6240 系列、泰盟生产的 BL 系列计算机生物信号实验系统等产品，以下就以 MedLab 计算机生物信号实验系统为例作一较为详细介绍，同时对 RM6240B/C 计算机生物信号实验系统、BL 系列计算机生物信号实验系统作一简介。

1）*MedLab 计算机生物信号实验系统*　MedLab 计算机生物信号实验系统采用多 CPU 并行工作，是集信号放大、数据采集、显示、存储、处理及输出等功能于一体的实验系统。它由硬件与软件两大部分组成。硬件主要完成对各种生物电信号（如心电、肌电、脑电）与非生物电信号（如血压、张力、呼吸）的调理、放大，并进而对信号进行模/数（A/D）转换，使之进入计算机。软件主要完成对系统各部分进行控制和对已经数字化了的生物信号进行显示、记录、存储、处理及打印输出。

（1）MedLab-U/4c501H 生物信号放大器（图 1.27）。

图 1.27　MedLab-U/4c501H 生物信号采集处理系统

A. 输入通道 1～4 为生物信号输入的端口，设有传感器桥压，生物电信号可由专用电缆直接接入，传感器也可直接插入。第四通道为两用通道，通过软件切换后可进行心电图功能的测定。每个输入通道面向插头，输入端口每一针脚的定义如下：1、2 为双端输入正负极；3 为地线；4 为传感器桥压供电负端；5 为传感器桥压供电正端。

B. 刺激输出：用于输出刺激的专用端口。刺激专用电缆可接入。

C. 电源：为仪器的电源开关。

（2）MedLab 生物信号采集处理系统应用软件介绍。MedLab 计算机生物信号实验系统应用软件图形操作界面与微软其他应用程序风格一致。在此以 6.0 版本 MedLab-U 系统软件为例做一介绍。MedLab 启动后界面如图 1.28 所示。

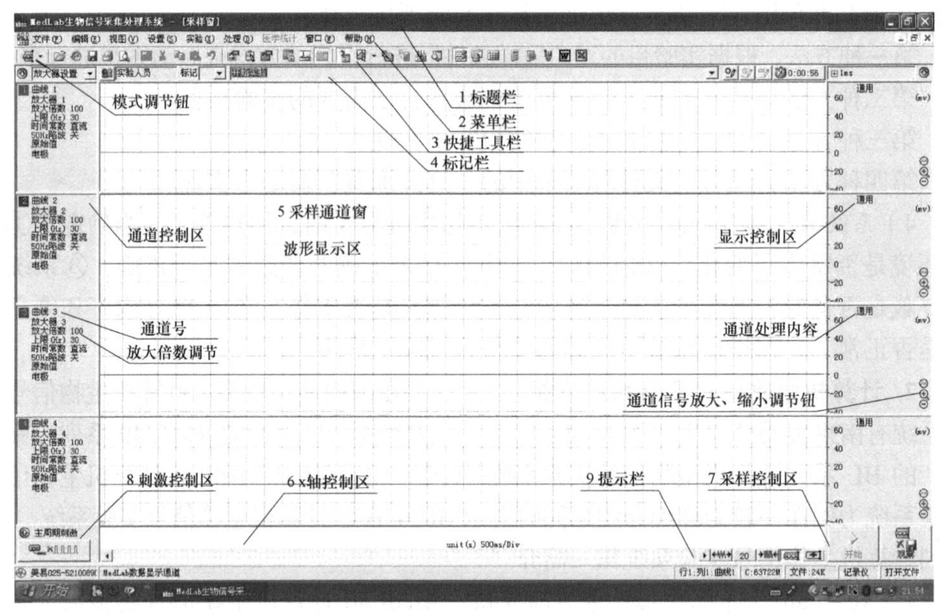

图 1.28　MedLab 系统软件界面

A. 界面自上而下为：

• 标题栏：标题栏位于界面最上部，主要功能为提示实验名称、存盘文件路径、文件名，并包含“缩小”、“扩大”、“关闭”按钮。

• 菜单栏：用于按操作功能不同，分类选择操作。包含文件、编辑、视图、设置、实验、处理、窗口和帮助等菜单名称。

文件：包括所有的文件操作。如打开、存盘、打印、退出等。

编辑：包括所有对信号图形的编辑功能。如剪切、拷贝、粘贴等。

视图：对界面上主要可视部分显示与否进行切换。

设置：对系统运行有关的设置功能进行选择。

实验：对已完成定制实验配置的具体教学与科研实验项目进行选择。

处理：包括所有对信号图形的采样后处理功能。如 FFT 运算、数字滤波等。

窗口：提供一些有关窗口操作的功能。

帮助：包括在线帮助、版权信息与公司网址链接。

• 快捷工具栏：MedLab 系统工具栏位于菜单栏下部，共有 7 组 25 个图标快捷工具按钮。提供最常用的快捷工具按钮，只要鼠标箭头指向该按钮，单击鼠标左键，即可进入操作。

• 标记栏：包括实验标记添加区和采样间隔调节区。左侧和中部为实验标记添加区，用于添加、编辑实验标记；右侧为采样间隔调节区，可对采样间隔进行调节。

• 通道采样窗：每个通道采样窗分三个部分。第一部分为采样窗的最左侧的“通道控制区”，显示通道号，实时控制放大器硬件。第二部分为采样窗中部的“波形显示区”，采样时动态显示信号波形，处理时静态显示波形曲线，并可人为选定一部分波形作进一步分析处理。MedLab6.0 采用多视窗共享数据的方法，可同时进行多视窗的动态、静态观察或测量。第三部分为采样窗最右侧的“结果显示控制区”，用来显示 y 轴刻度、采样通道内容、单位，控制基线调节，y 轴方向波形压缩、扩展，定标操作等。

• x 轴显示控制区：用来动态显示采样时间（x 轴），波形曲线的 x 轴拖动控制，x 轴方向波形压缩、扩展控制。

• 采样控制区：位于“x 轴显示控制区”的右侧，用于开始采样、停止采样及采样存盘控制。

• 刺激器控制区：位于“x 轴显示控制区”的左侧，用于选择刺激器发出刺激的模式，刺激启动开关及刺激参数的时实调整。

• 提示栏：用于操作、采样状态、时间和当前硬盘可用空间的提示。

B. MedLab 的工作模式：按使用方法 MedLab 可分成三大工作模式。

• 记录仪：多导记录仪走纸描记信号曲线的工作模式。绘图方式是从右到左全屏幕移动。适用于较慢的信号、连续记录的实验。如血压、呼吸、心电实验等。

• 示波器：多线记忆示波器的工作模式。绘图方式是从左到右采一帧画一帧。适用于较快信号，特别是周期信号的实验。如神经干动作电位实验等。

• 慢波扫描：多线慢扫描记忆示波器的工作模式。绘图方式是从左到右，边画边擦。在对较快信号连续记录时，用这种方式可以避免记录仪方式全屏幕移动造成不易观察曲线的缺点。适用于较快信号连续记录的场合。如减压神经放电实验等。

以上三种方式在用户使用时可根据实验性质选择相应的模式。机器作图方式不同，但其他软件的使用方法是基本相同的。

C. 添加实验标记操作介绍：为了在长时程实验和改变实验条件时添加一些相关内容的记号，方便以后分析数据，MedLab 提供了动态添加实验标记的功能，即在实验进行过程中可实时地添加实验标记。

• 添加实验标记：在系统开始采样运行后，当需要添加标记时，只需用鼠标单击标记按钮，就会在时间轴（x 轴）上按顺序号添加一个标记。MedLab 允许在添加标记前对标记通道和标记号进行选择。采样结束后，允许移动标记位置。

• 标记内容的编辑：在系统采样过程中实验操作者可根据需要实时编辑“标记内容”，并点击标记按钮将其添加到时间轴（x 轴）上。

• 实验标记内容的显示与修改：若要显示已加入的实验标记内容，待系统停止采样后将鼠标箭头移至要显示的标记上，按住鼠标左键不放，标记内容（包括时间、编辑内容）就显示出来。若要修改标记内容，则用鼠标左键双击标记，打开实验标记编辑窗，单击选择要修改的项目，在编辑栏中修改内容，点击返回，退出“标记编辑”窗。

• 预先编辑标记内容：在实验前进入“编辑”主菜单下选“编辑实验标记”子菜单，对实验预先进行标记内容的编辑。

D. 实验结果的存盘与编辑操作：当停止采样，实验暂告一段落时，最重要的是如何保存与处理以波形曲线为表现形式的大量数据。以下分别说明文件的存盘、编辑、处理及打印输出。

• 自动命名存盘机制：只要启动采样，系统自动在当前目录（默认为 C: \program files\MedLab\data）下生成一个 Tempfile.add 临时文件。停止采样后，最好另存为其他文件名。

• 文件的打开与编辑：MedLab 系统可以在不采样时打开已存盘文件，观察曲线，并进行编辑、测量处理。在已打开文件的曲线中，用鼠标选中曲线后，即可对已选曲线段进行剪切、拷贝、粘贴，及另存为其他文件名。这有利于删除无用数据，保存有用数据，节约硬盘空间。对曲线的多段选择（每次限 20 段）可按下键盘上的“Ctrl”键不放开，同时多次拖动鼠标选中不同段曲线，最后另存为其他文件名。

• 一般图形数据的计算处理与打印：用鼠标在图形上拖动选中一段，点击快捷工具栏上的处理窗快捷按钮，此时，MedLab 由采样窗切换到处理窗内，并立即将所选中曲线及按采样内容计算的数据显示在窗体内，点击打印按钮，即可从打印机输出所见到的采样窗的曲线与数据。

E. MedLab 实验结果的计算处理：实验结果的计算机处理包括实验数据的测量、计算、储存、统计和图表生成等方面。MedLab 的测量方式有屏幕测量（观察、光标测量、区段测量、心电测量）和在线测量两类。并能通过处理结果自动入表（数据窗）的方式，使测量的数字结果进入电子表格，从而实现对实验的数字结果进行进一步统计和分析。

F. 进入实验的几种方法：

• 定制实验：启动 MedLab 后，选择“实验”菜单中相应实验名称即可。

• 配置新实验：配置新实验应对以下几方面进行设置，包括采样通道、信号工作方式、采样间隔、放大倍数、处理名称、单位修正（定量实验时，必须对采样系统进行定标处理）、零点设置。将上述各参数调节后，即可进行初采样，并检查参数是否合理，逐步调整参数达最佳。MedLab 计算机生物信号实验系统已增加实验参数配置的计算机向导，按计算机的逐步提示，即可完成实验参数的配置。

• “打开配置”：采用打开以前存入的配置文件的方式，调用相应实验参数来进行实验。

• “打开”实验：当打开以前的某一实验时，其参数自动带入。这种情况的一个特例是当重启 MedLab 时，系统会自动调用上一次实验结束时的参数。

2）RM6240B/C 生物信号采集处理系统　RM6240 系列生物信号实验系统由硬件和软件两部分组成。硬件包括主机和各种信号线。软件是由 RM6240.exe 及多个实验子模块组成。主机面板上设置有外接信号输入插座、刺激器输出插座、记滴及监听插座。如图 1.29 所示。

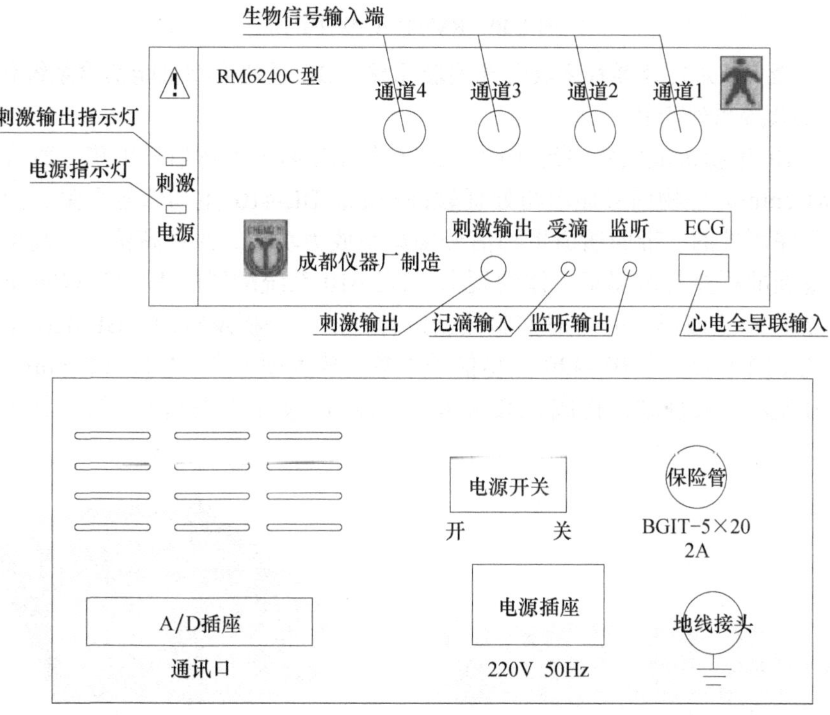

图 1.29　RM6240B/C 硬件面板（上图为前面板，下图为后面板）

软件操作说明如下。

（1）运行软件：打开主机后，用鼠标双击计算机桌面上的“RM6240C 生物信号采集处理系统”图标即可进入实验系统。

（2）软件概述：软件运行时分为四种状态，打开界面后进入等待状态；开始采集波形后进入示波状态；记录波形状态；停止记录波形后进入分析状态（实验波形的分析、处理都在此状态下进行）。该软件的界面如图 1.30 所示，四个通道的界面可随意放大或缩小（按“Alt+H”键即可还原）。主界面从上到下依次主要分为：菜单条、工具条、标记框、零点偏移键、信号显示区、坐标滚动块、控制参数区、监视参数区等。

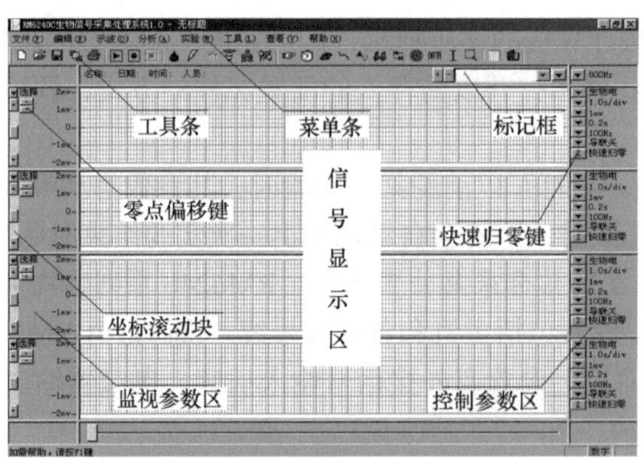

图 1.30　RM6240C 软件界面

3）泰盟 BL 系列计算机生物信号实验系统　BL 系列生物机能实验系统包括 BL-410/420/820 等系列产品。

BL-410 生物机能实验系统（图 1.31）由 BL-410 生物信号采集、放大硬卡和 BL-NewCentury 生物信号显示与处理软件构成。BL-410 生物信号采集、放大硬卡是一台程序可控的、带四通道生物信号采集与放大功能，并集高精度、高可靠性及宽适应范围的程控刺激器于一体的硬卡。BL-410 系统配置的 BL-NewCentury 软件可同时显示 4 道波形，并可对实验数据进行存贮、分析及打印。BL-420 生物机能实验系统（图 1.32）由 BL-420 生物信号采集、放大硬卡和 BL-NewCentury（USB）生物信号显示与处理软件构成。BL-420 和 BL-410 使用方法基本一致。其主要特点如下。

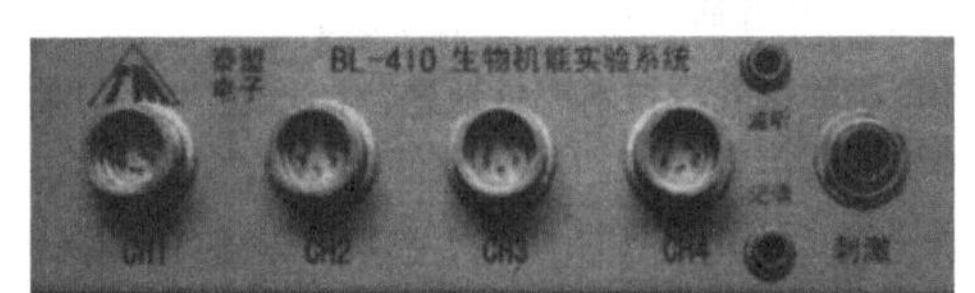

图 1.31　BL-410 生物机能实验系统

图 1.32　BL-420 生物机能实验系统

（1）左右双视的设计思想，让 BL-410 系统具有了两套独立的显示系统，可以在进行实验的同时观察以前记录的数据。

（2）可独立调节四个通道波形的扫描速度，使得波形显示清晰，可根据需要任意拉开或压缩波形显示。

（3）自身的网络控制功能，使教师和学生可以利用自己的计算机进行文字信息的相互传递；同时教师也可以在教师计算机上对某一组学生的实验进行监视。

BL-NewCentury 生物信号显示与处理软件主界面（图 1.33）介绍：主界面从上

到下依次主要分为标题条、菜单条、工具条、波形显示窗口、数据滚动条及反演按钮区、状态条等 6 个部分；从左到右主要分为标尺调节区、波形显示窗口和分时复用区 3 个部分。在标尺调节区的上方是刺激器调节区，其下方则是 Mark 标记区。分时复用区包括控制参数调节区、显示参数调节区、通用信息显示区和专用信息显示区 4 个分区，它们分时占用屏幕右边的同一块显示区域，操作人员可以通过分时复用区顶端的 4 个切换按钮在这 4 个不同用途的区域之间进行切换。分时复用区的下方是特殊实验标记选择区。

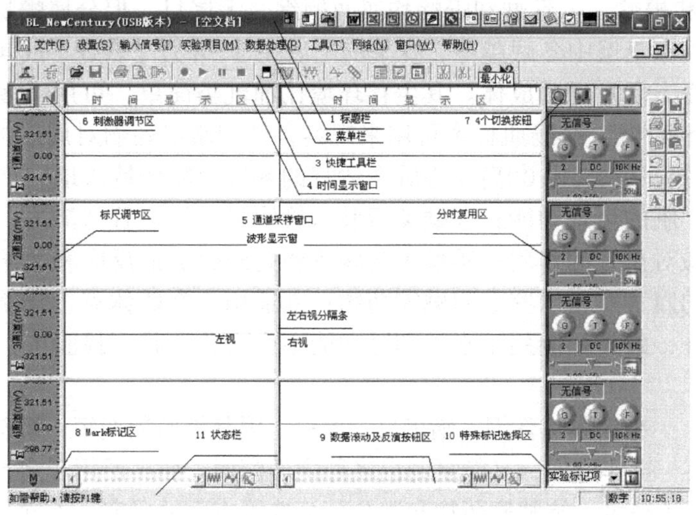

图 1.33　BL-NewCentury 生物信号显示与处理软件界面

四、实验动物操作技术

通常用于动物生理学实验的动物包括以下三大类：①实验动物，为了科学研究、教育、生物制品或药品鉴定、诊断等目的而经人工培育，对其携带的微生物实行控制，遗传学背景明确或来源清楚的动物。②家畜（禽），以满足人类社会生活需要而繁殖和饲养的动物。③野生动物，直接从野外捕获，性状未受人为控制的动物。

（一）常用实验动物介绍

为了获得理想的实验结果，必须对实验动物加以选择。选择的指标包括：

种属　动物种属的选择需根据实验内容而定，应使其解剖结构和生理特点适合预定实验的要求。

个体状况　①健康：除实验有特殊要求之外，生理学实验使用的动物均要求健康动物。②年龄和体重：一般应选择性成熟、体重符合要求的青壮年动物为宜。老龄动物各系统的功能均下降，除特殊要求外，不宜选用。③性别：许多实验证明，同一品种（系）动物不同性别对许多外界刺激的反应不一致，会对实验结果产生影响。此外，还应关注雌性动物的发情周期，不同阶段机体的反应性有较大改变。对于动物性别的辨别一般可通过其特有的第二性征来进行，如成年哺乳动物的外生殖器等。雄性小鼠生殖器与肛门之间的距离比雌性长且有毛，此法也适用于大鼠；雄性蟾蜍背部有光泽，前肢的大趾外侧有一直径约 1mm 的黑色突起，捏其背部时会鸣叫，前肢多半呈曲环钩姿势，雌性个体无上述特点。④经济因素：马、牛、羊和猪等大型动物的饲养面积、管理成本和饲料消耗都远高于兔、小鼠和大鼠等小型动物。因此在能达到实验目的的前提下，应尽量选择成本较低的动物。

1. 青蛙和蟾蜍 青蛙和蟾蜍均属两栖纲，无尾目，但分属蟾蜍科和蛙科。二者每年冬季在土壤中冬眠越冬，春季出土后在 3～4 月（蟾蜍）或 4～6 月（蛙）产卵，蝌蚪变态后发育为成体。其生存环境比哺乳类简单，可用于多种动物生理学实验：①坐骨神经-腓肠肌标本可用来观察各种刺激或药物对周围神经、横纹肌或神经-肌肉接头的作用；②离体心脏在适宜的环境中能较持久地、有节律地搏动，常用来研究心脏的生理功能；③蛙类后肢血管明显，用血管灌流法，观察肾上腺素和乙酰胆碱对血管的作用；④蛙舌与肠系膜是观察炎症反应和微循环的良好标本；⑤用蛙的腹直肌可以鉴定胆碱能药物；⑥适用于脊髓休克、脊髓反射和反射弧分析。此外，蛙类还能用于水肿和肾功能不全实验。临床检验中，还可用雌蛙做妊娠实验。

2. 小鼠 小鼠属哺乳纲，啮齿目，鼠科。因其繁殖周期短，繁殖量大，生长快，温顺易捉，操作方便，又能复制出多种病理模型，而广泛用于多种生理和病理学实验。适用于缺氧、抗肿瘤药物和避孕药筛选等方面的研究。不同品系的小鼠对相同刺激的反应性差异较大。

3. 大鼠 大鼠属鼠科。大鼠的实验动物模型较稳定，有些不宜用小鼠进行的实验可选用大鼠。但大鼠性情不如小鼠温顺，受惊时表现凶恶，易咬人。大鼠常用于以下实验：①胃酸分泌、胃排空、水肿、炎症、休克、心功能不全、黄疸、肾功能不全等方面的研究；②利用大鼠的踝关节观察药物的抗炎作用；③大鼠无胆囊，可做胆管插管收集胆汁；④血压直接描记（其血压反应较兔为佳）或灌流肢体血管或作离体心脏实验，为心血管生理的常用动物；⑤用于高级神经活动和肾上腺、垂体、卵巢等内分泌及能量代谢等方面实验。

4. 家兔 家兔属哺乳纲，啮齿目，兔科。兔易于饲养和繁殖，且比较温顺，常用作动物实验：①血压、呼吸、尿生成等多种实验；②代谢障碍、酸碱平衡紊乱、水肿、炎症、缺氧、发热、弥散性血管内凝血、休克、心功能不全等方面的研究；③由于兔体温变化较敏感，也常用于体温实验和热源检查；④兔耳血管丰富，耳缘静脉表浅，易暴露，常用于止血药物的研究，是药物注射的良好选择部位；⑤其主动脉神经颈部自成一束称为减压神经，便于研究减压神经与心血管活动的关系；⑥成年雌兔可诱发排卵，便于观察药物对排卵的影响；离体兔心在适当的条件下可维持长时间的搏动，适于观察药物对哺乳类动物心脏的直接作用。

5. 豚鼠　豚鼠又称荷兰猪，属哺乳纲，啮齿目，豚鼠科。豚鼠性情温和，适宜如下实验研究：①离体心脏实验和代谢障碍、酸碱平衡紊乱的研究；②前庭器官和听觉器官较为发达，乳突部骨质较薄，常用于耳迷路破坏实验及微音器效应观察；③豚鼠自身不能制造抗坏血酸，是研究实验性抗坏血酸症的理想动物；④豚鼠能耐受腹腔手术，适用于肾上腺机能的研究；⑤它的血管反应敏感，常被选用观察出血性和血管壁的通透性实验。

6. 猫　猫属哺乳纲，食肉目，猫科。猫的血压比兔的稳定，观察血压反应比兔好；猫的神经系统较发达，可用于去大脑僵直、姿势反射、脑内核团功能研究、瞬膜反应、虹膜反应，以及针刺麻醉原理等实验。

7. 狗　狗属哺乳纲，食肉目，犬科。狗的嗅觉比人灵敏，对外界环境适应力强，血液、循环、消化和神经系统均很发达，且与人类较接近，易驯养，经过训练能很好地配合实验，适用于许多急、慢性实验，尤其对于慢性实验，是最常用的大动物。由于价格较昂贵，在教学实验中不如一些中小动物常用。

8. 家鸽　家鸽属鸟纲，鸽形目，鸠鸽科。鸽的听觉、位置觉和视觉十分发达，常用于观察迷路与姿势的关系。其大脑皮层不发达，纹状体是其中枢神经系统的高级部位，可用切除其大脑半球的方法来观察大脑的一般机能。

（二）动物的标记

动物实验中，为了分组和辨别动物个体，需对动物进行编号。常用的编号标记有暂时性的染色法和挂牌法、永久性的烙印法和剪耳法。

1. 染色法　染色法是用有色化学试剂在动物身体明显处，如被毛、四肢等不同部位进行涂染，或用不同颜色来区别各组动物，是实验中最常用的方法。常用的标记液有：3%～5%的苦味酸溶液（黄色）、2%硝酸银溶液（咖啡色）、0.5%中性红或品红溶液（红色）、亚甲蓝（蓝色）。

2. 挂牌法　挂牌法是将标有编号的金属或塑料号码牌固定在实验动物的耳部皮肤上，大动物可挂在颈上或笼箱上。

3. 烙印法　烙印法是用刺数钳在动物无体毛或明显部位（如耳、面、鼻部和四肢等部位）刺上编号，然后用棉签蘸着溶有乙醇的黑墨汁在编号上涂抹。烙印前，最好对烙印部位预先用75%乙醇消毒，以免造成皮肤局部感染。

4. 剪耳法　在耳轮的边缘剪出缺口来表示各种序号，常用于鼠类。

5. 其他方法　鸟类用羽号或脚圈编号，狗、羊和猫可用颈圈编号法。

（三）动物的抓取

抓取与固定动物的目的是为了便于操作，顺利地进行各项实验。实验人员在进行动物实验时，必须正确抓取动物，以免动物咬伤人或造成动物的伤亡和过度应激。

1. 鼠的抓取　小鼠常用捉拿法有两种（图1.34）：一种是用右手提起尾部，放在鼠笼盖或其他粗糙面上，向后上方轻拉，此时小鼠前肢紧紧抓住粗糙面，迅速用左手拇指和食指捏住小鼠颈背部皮肤并用小指和手掌尺侧夹持其尾根部固定于手中；另一种抓法是只用左手，先用拇指和食指抓住小鼠尾部，再用手掌尺侧及小指夹住尾根，然后用拇指及食指捏住其颈部皮肤。前一方法简单易学，后一方法难，但捉拿快速，给药速度快。一般性操作如灌胃、注射等抓取后即可进行，另外一些操作如尾静脉采血等可将小鼠固定于专用固定器或固定于蛙板上进行。

大鼠的捉拿及固定方法基本同小鼠（图 1.35），捉拿时，右手抓住鼠尾，将大鼠放在粗糙面上。左手戴上防护手套或用厚布盖住大鼠。抓住整个身体并固定其头部以防咬伤，捉拿时勿用力过大过猛，勿捏其颈部，以免引起窒息。大鼠在惊恐或激怒时易将实验操作者咬伤，在捉拿时应注意。

2. 猫的抓取　捉拿时先轻声呼唤，慢慢将手伸入猫笼中，轻抚猫的头、颈及背部，抓住其颈背部皮肤并以另一手抓其腹部（图 1.36）。如遇凶暴的猫，难以接触或捉拿时，可用套网捉拿。操作时注意猫的利爪和牙齿，勿被其抓伤或咬伤，必要时可用固定袋将猫固定。

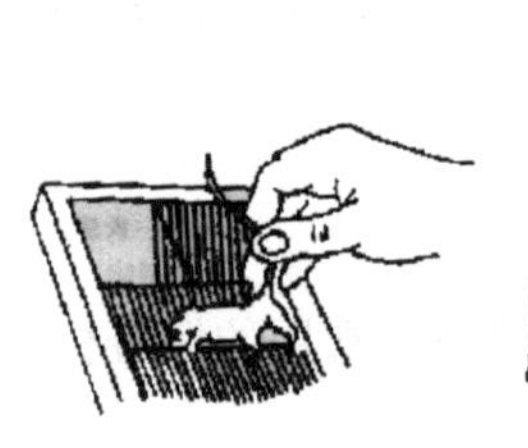

图 1.34　小鼠捉拿法

图 1.35　大鼠捉拿法

图 1.36　猫的捉拿法

图 1.37　蟾蜍的捉拿

图 1.38　家兔的捉拿

图 1.39　马蹄形头位固定器固定兔头部

3. 蛙和蟾蜍的抓取　用左手握持动物，以食指和中指夹住双侧前肢（图 1.37）。捣毁脑和脊髓时，左手食指和中指夹持蛙或蟾蜍的头部，右手持毁髓针经枕骨大孔向前刺入颅腔，左右摆动毁髓针捣毁脑组织，然后退回毁髓针向后刺入椎管内破坏脊髓。蛙和蟾蜍的固定方法取决于实验要求。

4. 豚鼠的抓取　捉拿时以拇指和中指从豚鼠背部绕到腋下抓住豚鼠，另一只手托住其臀部。体重小者可用一只手捉拿，体重大者捉拿时宜用双手。

5. 家兔的抓取　捉拿时一手抓住其颈背部皮肤轻轻将兔提起，另一手托住其臀部（图 1.38）。固定时根据需要可用以下三种方法：①马蹄形头位固定器固定其头部（图 1.39），动物取俯卧位时（特别头颅部实验时）常用；②用兔固定箱固定，操作时将固定箱上盖抽出，将兔子置于箱内再推回上盖，此时只有兔子头部留在外面供操作而躯干部全部在固箱内；③用兔手术台固定，本方法较适于仰卧位操作。固定时，先将已麻醉的兔的颈部放在兔头夹半圆形的铁圈上，再把嘴伸入可调铁圈内，最后将兔头夹的铁柄固定在实验台上，或用一根粗棉绳，一端拴在动物的两只上门齿上，另一端拴在实验台的铁柱上（图 1.40）。各种实验动物头部固定夹见图 1.41。

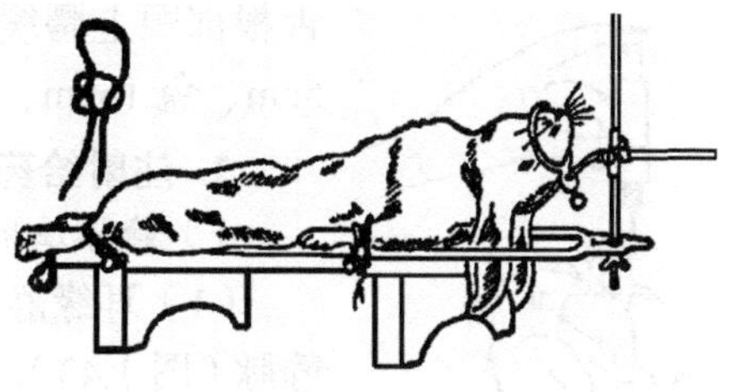

图 1.40 家兔的固定

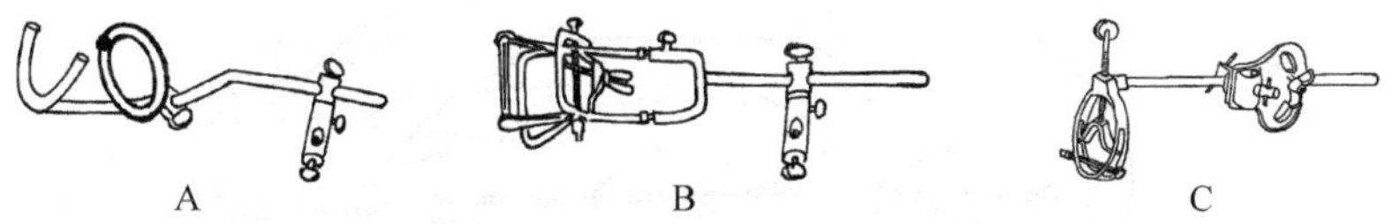

图 1.41 实验动物固定头夹

A. 兔头夹；B. 猫头夹；C. 狗头夹

做家兔颈部手术时，可在动物颈下放置一垫子以抬高颈部，便于操作。一般在头部固定后，再固定四肢。先用粗棉绳的一端缚扎于踝关节的上方。若动物取仰卧位，可将两后肢左右分开，将棉绳的另一端分别缚在手术台两侧的固定钩上，而前肢须平直放在躯干两侧。可将绑缚左右前肢的两根棉绳从动物背后交叉穿过，压住对侧前肢小腿，分别缚在手术台两侧的固定钩上。若动物取俯卧位，前肢缚绳即不必左右交叉，将四肢缚绳直接固定在实验台两侧前后固定钩上即可。

其他动物如狗、猫、大鼠和豚鼠等的固定方法可参考兔子。为防止对操作者造成伤害，可将较凶动物的嘴用绳子或专用的口套进行固定。

（四）动物的给药方法

根据实验目的、所选用实验动物种类和药物剂型，对实验动物实施不同的给药方法。

1. 经口给药法

1）**口服法** 把药物放入饲料中或溶于饮水中让动物自动摄入。该法的优点是方便，但因放入饲料和饮水中的药物容易分解且动物个体间摄入量差异，故较难保证药效的准确性。

2）**灌胃法** 将药物由灌胃针（管）直接灌入动物胃内。操作时将胃针（管）接在注射器上，动物取直立或平卧体位，固定动物头部，强迫张口，胃针（管）压在

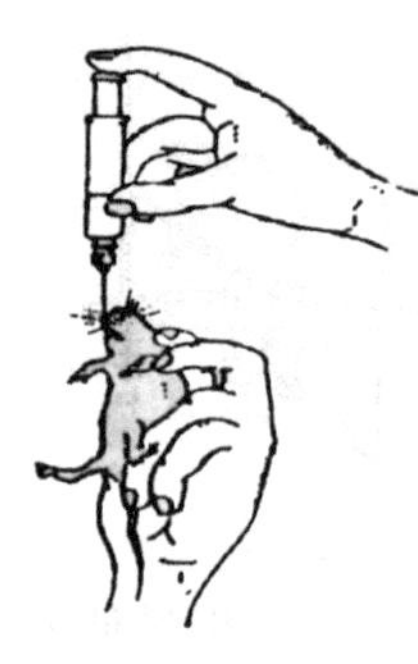
图 1.42　小鼠灌胃图

舌根部顺上腭缓缓插入至所需深度，一般成年小鼠 3cm、大鼠 5cm、兔 15cm、犬 20cm（图 1.42）。

2. 注射给药法

1）静脉注射　包括以下几种途径。

（1）耳缘静脉注射。操作时一人固定动物并用手指按住耳缘静脉（图 1.43），另一人用酒精棉球顺毛擦拭耳缘，当静脉充盈后持注射器使针头尽量由静脉末端刺入，顺血管平行向心端刺入 1cm 左右。微微回抽注射器内筒，有血液回流时即可将药物缓缓注入。此法适用于体型较大的动物，如犬、兔、豚鼠等。

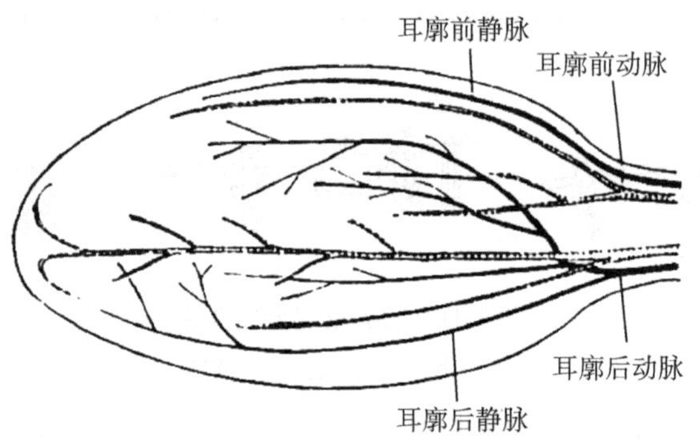

图 1.43　家兔耳静脉

（2）尾静脉注射。主要用于大鼠和小鼠。鼠尾静脉有 3 根，两侧及背侧各 1 根，左右两侧尾静脉较易固定，可优先选择。操作时将鼠置于固定器或合适的烧杯内而将鼠尾露出，用温水浸泡或用酒精棉球等擦拭鼠尾，以达到消毒和扩张血管的目的。注射部位选择鼠尾下 1/3 处（图 1.44），且应选择较细的注射针头沿血管方向平行、向心端进针，若推入药液时阻力不大且血管变白即表明药液注入无误。

（3）前肢皮下静脉注射或后肢小隐静脉注射。操作时先剪去注射部位的被毛，再消毒，于静脉向心端用橡皮管扎紧，使血管充盈，自远心端向心方向沿血管进针，微微回抽注射器内筒，发现有回血后将结扎的橡皮管松开即可注入药液。本法常用于犬、猫、豚鼠等动物（图 1.45）。操作时可不麻醉，但当动物具有较强攻击性时可先将其麻醉。

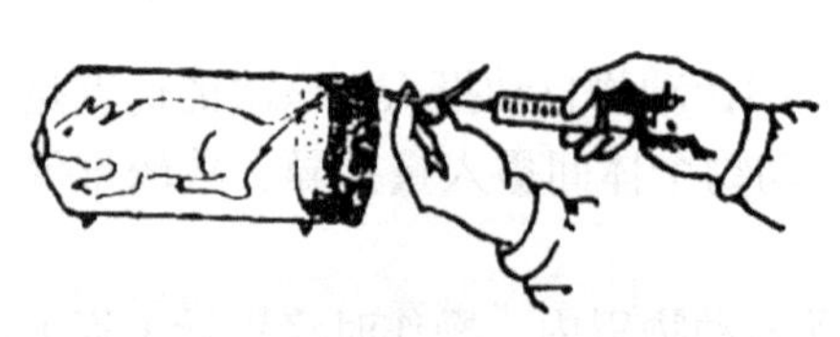
图 1.44　小鼠固定器及尾静脉注射

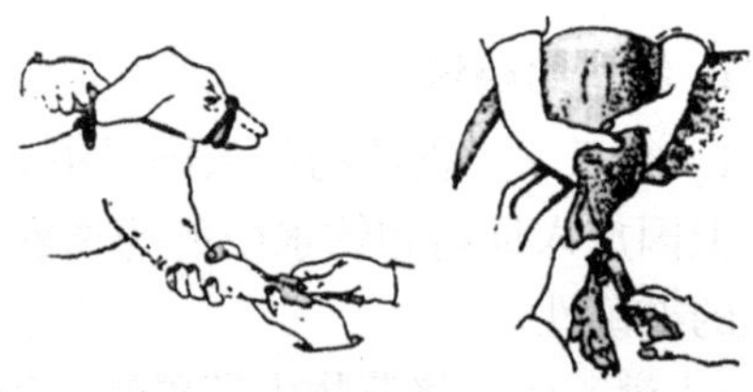
图 1.45　犬前肢皮下静脉和后肢小隐静脉注射

2）腹腔注射　操作时使动物腹部向上且头呈低位，于腹部腹白线稍外侧处（兔、猫等在离腹白线 1cm 处）进针，针头平行刺入皮下 3～5mm 后再以 45°角斜刺入腹肌，进入腹腔，此时针头并无阻力，在保持针头不动的情况下注入药液。

3）淋巴囊内注射　蛙及蟾蜍常用。它们皮下有数个淋巴囊，该处注入药物易吸收。由于蛙及蟾蜍皮肤张力较小，一般进针后需经过肌肉层再到达注射部位，以防药液漏出。如进行腹淋巴囊注射时，从后肢上端进针后经大腿肌肉层再刺入腹壁皮下腹淋巴囊内。

4）肌肉注射　一般动物均可采用。常用注射部位是后肢大腿外侧肌肉。操作时固定好动物，注射部位消毒后令注射器以 60°角一次刺入皮肤和肌肉，无回血时可将药液注入。

注射给药的方法还有很多种，如皮下注射、皮内注射、脑内注射、椎管内注射和关节腔注射等。

3. 涂布给药法　该法主要用于鉴定药物经皮肤的吸收作用，以及对用药部位的局部作用或致敏作用。药液与皮肤的接触时间可根据药物性质和实验要求而定。大鼠、小鼠可采用浸尾方式经尾部组织给药，家兔及豚鼠经皮肤给药的部位常选用脊柱两侧的背侧部皮肤。

（五）动物的麻醉

恰当的动物麻醉对保证动物实验的顺利进行和获得满意的实验结果有着十分重要的作用。麻醉方式和麻醉剂的选用，因实验动物种类、年龄、健康状况和实验目的而异。

1. 麻醉方法

1）全身麻醉法　全身麻醉法包括两种麻醉途径。

（1）吸入法：多用乙醚作麻醉药。本法最适合大、小鼠短期操作实验的麻醉。大动物也可以使用，但必须用麻醉口罩或较大的麻醉瓶。由于乙醚燃点低，遇火极易燃烧，在使用时一定要远离火源。

（2）注射法：非挥发性麻醉剂可用作腹腔注射或静脉注射麻醉，因其操作简便而常用。腹腔给药麻醉常用于小鼠、大鼠、沙鼠、豚鼠，而较大的动物如兔、狗等常用静脉注射给药进行麻醉。在进行静脉注射时，剂量的前 1/3 可以较快的速度注入，以快速度过兴奋期，其余药物注入速度宜慢些，且应边注入边观察动物的反应，当确定已达到麻醉效果时，即可停止给药；麻醉或手术过程中动物未达到要求时，可追加不超过 1/5 的麻醉剂剂量。

全身麻醉药通常先抑制大脑皮层功能，随着剂量增大，逐渐抑制间脑、中脑、脑桥和脊髓，最后可抑制延髓。随着不同部位的中枢神经系统被抑制，会有一定的体征表现，根据这些表现可判断麻醉的深度。麻醉分期（特别是吸入麻醉）有助于识别麻醉的过程，掌握麻醉的深度，防止麻醉事故的发生。

2）*局部麻醉法*　局部麻醉对全身生理机能的干扰轻微，麻醉并发症和后遗症较少，是一种比较安全的麻醉方法。此外，局部麻醉的设备简单、操作方便、节省费用，可用于全身各部位的许多手术。对于患有心、肺、肝或肾等疾病的动物，局部麻醉对全身影响小，从而提供了较好的手术条件。但是，在局部麻醉下，因动物仍保持神志清醒状态，手术时应特别注意固定，或在必要时配合应用镇静剂。某些局部麻醉方法，要求熟悉局部解剖知识和熟练的操作技术，否则，不易得到理想的麻醉效果。局部麻醉方法很多，有表面麻醉、浸润麻醉、传导麻醉、脊髓麻醉，使用最多的是浸润麻醉。浸润麻醉是将药物注于动物皮内、皮下组织或手术野深部组织，以阻断用药局部的神经传导，使痛觉消失。

3）*电针麻醉*　电针麻醉是从我国医学针灸疗法发展起来的一种独特的麻醉技术，是在动物的两个或两个以上的穴位上，通以一定频率、一定强度的脉冲电流，使动物获得一定程度镇痛效应的一种无痛手术方法。

2. 常用麻醉药物　由于不同种类动物对不同麻醉药的敏感性不同，各种麻醉药对动物生理机能的影响及麻醉时间也不一样（表 1.1）。选择适当的麻醉药，对于保证实验顺利进行和获得正确的结果是很重要的。用于实验动物理想的麻醉药应该具备以下三个条件：第一，麻醉完全，使动物完全无痛，麻醉药作用时间基本满足实验要求；第二，对动物的毒性及所研究的机能影响最小；第三，应用简便。

表 1.1　常用麻醉药的剂量和用法

药物名称	动物种类	给药途径	剂量/（mg/kg）	维持时间/h
乙醚	各种动物	吸入	适量	约 0.5
戊巴比妥钠（3%）	犬、猫、兔	I.V，I.P	30	2～4
	鼠类	I.P	45	
	鸟类	I.M	50～100	
氨基甲酸乙酯（10%～25%）	犬、猫、兔	I.V，I.P	1000	2～4
	鼠类	I.P	1000	
	鸟类	I.M	1250	
	蛙类	淋巴囊	2000	
氯醛糖（1%）	犬、兔	I.V	60～80	3～4
	猫	I.P	60～80	
	鼠类	I.P	80～100	
氯氨合剂	猫、兔	I.V，I.P	氯 75，氨 750	5～6

注：I.V，静脉注射；I.P，腹腔注射；I.M，肌肉注射；氯，氯醛糖；氨，氨基甲酸乙酯

1）乙醚　乙醚是一种吸入性麻醉药，适用于各种动物短时间的手术。动物持续吸入乙醚 15～20min 后，即开始发挥作用。乙醚的麻醉量和致死量相差大，所

以安全度也大。但麻醉初期常出现强烈的兴奋现象，对呼吸道有刺激作用，可使黏液分泌增多，严重时会堵塞呼吸道。如果用于较长时间的手术过程，应在麻醉前皮下注射一定量的吗啡（1%盐酸吗啡 1.0～1.7mL/kg 体重）和阿托品（1%硫酸阿托品 0.1～0.3mL/kg 体重）。吗啡有止痛和镇静作用，阿托品有对抗乙醚刺激呼吸道分泌黏液的作用。

2）氯仿、乙醚合并麻醉 氯仿的麻醉作用比乙醚大，诱导期及兴奋期都较短。但它的麻醉量和致死量较接近，使用时安全度小，且氯仿有毒性，心、肝、肾毒性表现明显。所以，一般不单独使用氯仿麻醉，常和乙醚按 1∶1 或 1∶2 的比例混合使用。麻醉方法基本同乙醚。

3）戊巴比妥钠 戊巴比妥钠为最常用的麻醉药。本品为白色粉末，临用前配成1%～3%的溶液静脉或腹腔注射。一次给药的有效时间为 2～4h，比较符合一般的动物实验要求，但对呼吸和循环系统有较复杂的影响。

4）氨基甲酸乙酯（乌拉坦或尿酯） 氨基甲酸乙酯是比较温和的麻醉药，毒性小，安全度大。麻醉诱导期不明显，常在药物注射后，动物即进入麻醉期。对呼吸及血液循环影响不大。有实验报道，此药对家兔有诱发肿瘤作用，慢性实验时慎用。临用前配成 10%～25%的溶液。

5）氯醛糖 氯醛糖溶解度极小，在常温下几乎不溶解。加温溶解后，冷却还会出现结晶（加温时温度不宜过高，以免影响药效）。给动物注射也要在溶液没有完全冷却的情况下进行。也可加助溶剂硼酸钠（1∶1）后使用，临用前配成 1%的溶液。在动物生理学实验中，常将氨基甲酸乙酯和氯醛糖混合使用。

6）普鲁卡因 普鲁卡因为局部麻醉药。在腹腔器官的慢性手术中，用 2%的溶液作脊髓神经的传导麻醉。用作浸润麻醉时，则配成 0.25%～0.5%的溶液。

3. 麻醉意外的急救 在动物的麻醉过程中，一定要注意动物的保温。有时会遇到呼吸或血液循环方面的意外情况，需要抢救，下列药物有助于急救。

1）呼吸兴奋药 作用于中枢神经系统，对抗因麻醉药过量引起的中枢性呼吸抑制。

（1）戊四氮：为延髓兴奋药，能兴奋呼吸及血管运动中枢，对抗巴比妥类和氯丙嗪等药物过量所致的中枢性呼吸衰竭，每次用量犬以不超过 0.1g 为宜，静脉或心内注射，可重复使用，但大剂量可导致惊厥。

（2）尼可刹米：直接兴奋呼吸中枢，适用于各种原因引起的中枢性呼吸衰竭。每次用量 2～5mg/kg 体重，静脉注射，但量大可致血压升高、心悸、心律失常、肌颤等。

2）心脏急救药

（1）肾上腺素：用于提高心肌应激性，增强心肌收缩力，加快心率，增加心输出量。用于心搏骤停急救。每次 0.5～1mg，静脉注射、心内或气管内注射。

（2）碳酸氢钠：为用于纠正急性代谢性酸中毒的主要药物。对于心跳停止的动物可于注射肾上腺素后立即静脉给药，因为酸中毒的心肌对儿茶酚胺反应不良。首次给药用 5%的碳酸氢钠按 1～2mL/kg 体重剂量注射。

（六）动物体液采集技术

准确、合理地采集实验动物的体液是一门技术，有其特殊的要求和技术标准。动物生理学实验中经常用到的体液为血液、消化液和尿液。

1. 血样的采集 针对不同动物的血样采集方法很多，其中常用的几种方法简单介绍如下。

1）*分离血管采血法* 通过分离动物体内各种较大的血管，如颈总动脉、颈外动脉、股动脉等动脉和颈外静脉、股静脉等静脉，并采用安置插管的方法，取该血管中的血液。经过特殊处理后，如将静脉导管固定于动物的背部，可以在长时间内多次采集血液样本。此法仅适用于各类较大动物的取血，对小鼠、蛙类动物不适用。

2）*心脏取血法* 即采用注射器穿刺的方法从动物心脏部位取血，适用于各类型动物的取血。操作时先触摸到心脏搏动最显著的部位，依据经验初步判断心脏的部位，再进针（取动脉血时向心室腔部位穿刺；取静脉血时向心房腔部位穿刺）。取血应快速，以防在管内凝血。如认为针头已刺入心脏但还未出血时，略将针头慢慢退回一点即可，失败时应拔出重新操作。切忌针头在胸腔内左右摆动，以防损伤动物的心脏和肺而致死。此法取血量较大，可反复采血，但需技术熟练。心脏采血经 6～7 天后，可以重复进行。采血量：兔一次可采 20～25mL，豚鼠可采 6～7mL。

3）*耳血管取血法* 主要适用于家兔等体型较大的动物。用酒精棉球擦拭兔耳背部，使其充血，可清楚看到耳中央动脉和耳缘静脉。耳动脉采血时用左手固定兔耳，右手持注射器，在中央动脉的末端，与动脉平行沿向心方向刺入动脉，轻轻抽动针筒，即可见血液进入注射器。一次可采血约 15mL；耳静脉采血时应先夹住耳根部再采取措施使血管扩张，再以粗针头刺破血管，此法可采 2～3mL 血液。耳血管取血时也可用手术刀切割法进行取血，这种取血方法不宜进行多次采集。若首次采血失败，则将采血点稍前移再次采血，采血后应注意止血。

4）*皮下静脉取血法* 用注射器从动物皮下静脉（前肢头静脉、后肢隐静脉）取血的方法，主要适用于犬、家兔等大型动物的急性实验研究中的取血。需注意的是抽血时速度要慢，以防针口吸着血管壁。

5）*眼眶后静脉丛取血* 用玻璃毛细管，内径为 1.0～1.5mm，临用前折断成 1～1.5cm 长的毛细管段，浸入 1%肝素溶液中，取出后干燥。取血时左手抓住鼠两耳之间的颈背部皮肤，使头部固定，并轻轻向下压迫颈部两侧，引起头部静脉血液回流困难，使眼眶静脉丛充血，右手持毛细管，将其新折断端插入眼睑与眼球之间，向眼底部方向轻轻移动，并旋转毛细管以切开静脉丛，保持毛细管水平位，血液即流出，以事先准备的容器接收。取血后，立即拔出取血管，放松左手即可止血。小鼠、大鼠、豚鼠及家兔均采取此法取血。其特点是可根据实验需要，在数分钟内在同一部位反复取血。一次可采取小鼠血液 0.2mL，大白鼠血液 0.5mL，一般不发生术后穿刺孔出血或其他并发症。

6）*尾尖取血法*　鼠尾用手揉擦或用 45～50℃温水加温，使尾静脉充血。然后将尾尖部位剪断后，即可流出血液。如血流不畅，可用手轻轻从尾根部向尾尖部挤压数次，可取到数滴血液。如实验需要间隔一段时间而多次采血时，每次采血可将鼠尾剪去很小一段，采血后用棉球压迫止血，并立即用液体火棉胶涂于尾部伤口处，使之结一层薄膜，以保护伤口。这种方法适用于小动物、大面积的药物筛选性实验研究中的取血，具有取血方法简单、量少、一次性等操作特点。

7）*翅静脉采血法*　适用于鸡、鸭和鸽等禽类的静脉采血。采血前将翼部展开，露出腋窝部，将羽毛拔去，即可见明显的翼根静脉，然后用碘酊、乙醇消毒皮肤。用左手拇指和食指压迫此静脉的近心端，使血管怒张。右手持连有 5～6 号针头的注射器，由翼根部向翅方向沿静脉平行刺入血管，即可抽取血液。禽类还可采用腿部的跖静脉采取大量血液。

在进行血液采集时，应根据实验目的，选择适宜的采血方法。

2. 消化液样本的采集　收集消化液一般在犬、家兔、猫等较大的动物体内进行，可收集唾液、胃液、胰液、胆汁和肠液。这类收集技术的实施均需要借助手术方法。

1）*唾液*　在动物口腔部位，寻找颌下腺、舌下腺，分离唾液腺导管，插入极微细的聚乙烯导管，即可收集到唾液。

2）*胃液*　用胃导管插入方法，插入聚乙烯导管，在导管尾部接一注射器，即可收集到胃液，适用于大、小动物胃液的收集。

3）*胰液*　参见本章（九）部分动物生理学慢性实验手术方法中狗胰腺导管瘘管手术。

4）*胆汁*　参见本章（九）部分动物生理学慢性实验手术方法中兔胆总管插管手术。

5）*肠液*　切开腹腔，找到预定的肠腔，实施肠瘘手术，并将肠导管移至腹壁，用手术缝合线牢固固定，即可收集肠液。

3. 尿液采集技术　收集动物尿液的方法包括如下 3 种。

1）*输尿管导管法*　切开腹腔，找到膀胱后，将其移出体外，再在膀胱底部找出两侧输尿管，在输尿管靠近膀胱处分出输尿管，用细线在其下扣一松结，在结下方的输尿管上剪一小口，向肾脏方插入一条适当大小的塑料管，并将松结抽紧以固定插管（图 1.46）。这种方法只适用于动物的急性实验。

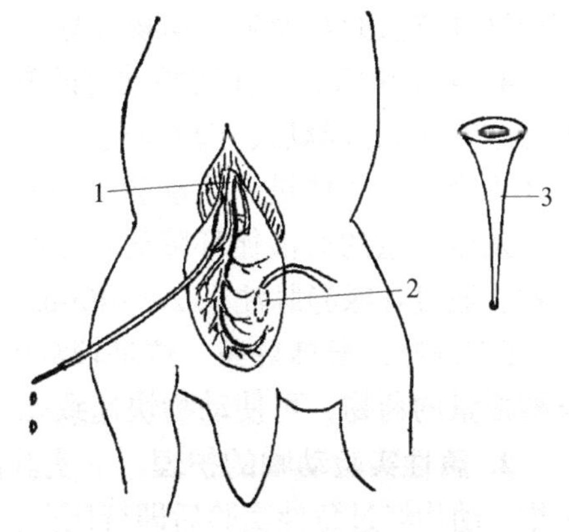

图 1.46　兔输尿管及膀胱导尿

1. 输尿管；2. 插膀胱导管部位；3. 膀胱导管

2）膀胱导尿管法　直接从动物的尿道，插入适度粗细的导尿管至动物的膀胱内，当见到有淡黄色的尿液流出即证实导尿管已进入膀胱内，及时固定导尿管，按实验要求收集尿液。

3）代谢笼集尿法　依据实验动物的大小，特制一种实验动物笼子。动物在笼内排便时，通过笼底部的大、小便分离漏斗，将尿液与粪便分开，达到收集尿液的目的。

（七）实验动物的处死和护理方法

1. 动物的处死方法　在实验结束后，需要及时对动物进行必要的处理。一种方法是尽快结束动物的生命；另一种方法是维持动物的生命体征，继续对实验动物进行观察。在教学实验中，则常采取前一种方法处置实验动物。在科学研究实验中，常用后一种方法。处死实验动物的方法有多种，采用何种方法处死动物要根据具体情况进行选择，如在进行血压、呼吸类实验后，常采用动脉放血的方法处死动物，而在进行离体肠实验时采用击打法来处死动物。另外，在处死动物过程中还应发扬人道主义精神，尽可能减少动物的痛苦。

1）颈椎脱臼法　小鼠常用此方法，具体为左手拇指与食指用力向下按住鼠头部同时右手抓住鼠尾用力向后拉，在颅骨基部的后侧与脊椎两处，施加压力，使头颅和脑一起与脊髓分离。当脊髓与脑分离时，伴有大量的肌肉活动。由于颈动脉与颈静脉完整无损，故仍在向脑继续供血，提供营养。经研究证明，这种方法能使实验动物对痛觉不再敏感。

2）断头法　断头法指用剪刀在动物颈部将头剪掉。由于剪断了脑脊髓，同时大量失血，很快死亡。这种方法可以使动物立即丧失眨眼反射，并且脑电图平展。

3）急性大失血法　采用使动物在短时间内大量失血的方法处死动物。例如，用鼠眼眶动脉和静脉急性大量失血方法使鼠立即死亡；对于较大的动物（犬、兔、猫等）可采用切断股动、静脉和颈动脉放血的方法，动物一般在 3～5min 内即可致死。使用这种方法的好处是，动物安静，不损伤脏器。需要时还可以采集其血液。

4）空气栓塞法　在实验动物的静脉内注入一定量的空气，会使之发生气栓死亡。因为空气进入静脉后，随着心脏的跳动使空气与血液相混致血液成泡沫状，随血液循环到全身。气体进入主动脉可阻塞其分支，进入心脏冠状动脉，造成冠状动脉阻塞，发生严重的血液循环障碍，动物很快就会致死。这种方法对兔、猫、豚鼠最为有效。通过耳缘静脉注入 20～40mL 空气很快就能致死。

5）静脉注射麻醉药　这是较常用的一种方法。操作时由静脉快速注入 3～5 倍麻醉剂量的药物，可使动物快速致死。

2. 急性实验动物的护理　实验前不要使动物缺水或长期饥饿，但也不能喂得过饱。动物经过急性实验后即行死亡，所以每次实验时，都应尽量利用动物。手术前，要先将动物麻醉和固定。在手术过程中不可粗枝大叶，分离组织时，应当用止血钳，切勿用尖锐的器具；如需切断时，应看清部位，一层层地进行，不可用刀任意切割，以免损坏血管引起大量出血。在打开头骨时发生出血，可用融化的骨蜡涂抹在出血部位，若神经组织的小血管出血，则用淀粉海绵覆压其上，经一段时间即可止血。动物处于麻醉状态时，失去了体温调节能力，因此要特别注意保温。实验期间，应将创口暂时闭合，或用温热生理盐水纱布盖好，以免组织干燥和体内热量散失。

3. 慢性实验动物的护理 对待慢性实验动物，需要细心和耐心，否则会造成实验结果不准确。需时较长的实验不能每天进行以免使动物过于疲劳。对带有慢性瘘管的动物要特别加以照顾，以免损伤手术部位及瘘管，对肠的体外吻合瘘管，要经常用细的橡皮管疏通，以免堵塞，每星期至少通 2～3 次。实验期间，应将创口暂时闭合，或用温热生理盐水纱布盖好，以免组织干燥和体内热量散失。

（八）动物生理手术基本操作技术

1. 切口 在皮肤切口之前，应先将预定部位及其周围的长毛剪去。用毛剪剪毛时，应将毛剪的凸面贴近皮肤，依次剪毛，切忌提起毛再剪毛，以免剪及皮肤。剪下的毛应及时放入盛有水的污物缸内。在做皮肤切口之前，选好确切的切口部位和范围，必要时做出标记。切口的大小要适当，要便于实验操作，但不可过大。尽可能使切口与各层组织的纤维方向一致，尽量避开神经和血管。做切口时，术者用一手拇指及食指在切口两旁将皮肤撑紧并固定，另一只手将刀刃与皮肤垂直，用力均匀地一刀切开所需长度和深度的皮肤及皮下组织（图 1.47）。必要时也可补充运刀，但要避免多次切割，重复刀痕，以免切口边缘参差不齐，出现锯齿状的切口，影响创缘对合和愈合。若肌纤维走行方向与切口方向一致，可剪开肌膜，用手术刀柄或手指将肌纤维钝性分离至所需长度，否则便需将肌肉横行切断。切断肌肉之前需用止血钳夹住肌肉，使血管闭合，然后在夹闭处用手术剪剪开。切口应外大内小，以便观察和止血。

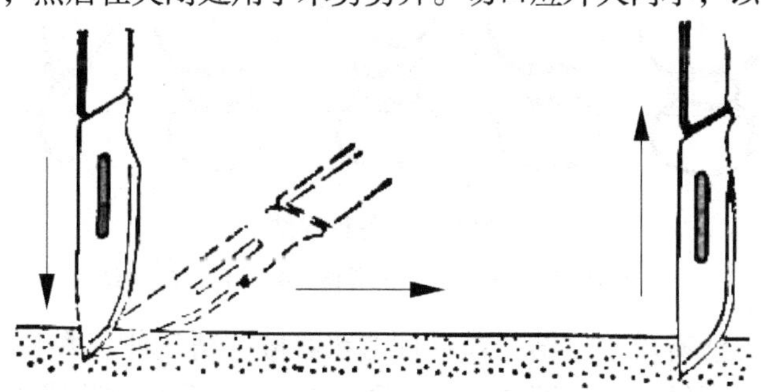

图 1.47 皮肤切开的运刀方法

腹膜切开时，为避免伤及内脏，可用止血钳提起腹膜作一小切口，利用食指和中指引导，再用手术刀或剪分割。

2. 止血 手术过程中要随时注意止血，以免造成手术野模糊，难以分辨血管和神经，延误手术时间。止血方法视出血情况而定，微血管渗血时，用温热盐水纱布压迫止血。干纱布和棉球只用于吸血，不可用以擦组织，以防组织损伤和血凝块脱落。较大血管出血时，需先用止血钳将出血点及其周围的少许部分组织一并夹住，然后用线结扎。大血管破损，应准确、快速止血，否则失血过多，影响实验。大动脉破裂出血时，切不可用有齿的镊子或血管钳直接夹住管壁，而应先用纱布压住出血部位，吸干血后，小心打开纱布，观察出血点位置，迅速用手指捏住动脉破裂处，用动脉夹夹住血管近心端，再做进一步处理。

开颅或断角过程中出血，可用湿纱布吸去血液后，迅速用骨蜡涂抹止血。如遇硬脑膜上的血管出血，可结扎血管断头，或用烧灼器封口。如果是软脑膜出血，应该轻轻压上止血海绵。

3. 缝合　缝合是将已切开、切断或因外伤而分离的组织和器官进行对合或重建其通道，为因手术或外伤性损伤而分离的组织或器官提供适宜的环境，给组织的再生和愈合创造良好条件，保护手术伤口免受感染，加速肉芽创的愈合，促进止血和创面对合。在组织缝合时，一般是同层组织相缝合，不允许把不同类的组织缝合在一起。缝合打结应有利于创伤愈合，如打结时既要适当收紧，又要防止拉穿组织，缝合时不宜过紧。缝合结束后需要整理创口，以使创伤组织在术后很好愈合。

打结不仅是外科手术上的重要技术，也是急性动物实验中的基本技术。常用的手术结有方结、三叠结和外科结等。方结是手术中最常用的一种，用于结扎较小的血管和各种缝合时的打结，不易滑脱。三叠结是在方结的基础上再加一个结，共三个结，较牢固，结扎后即使松脱一道，也无妨，但遗留于组织中的结扎线较多。三叠结常用于有张力部位的缝合，如大血管和肠道的结扎。外科结是打第一个结时绕两次，使摩擦面增大，故打第二个结时不易滑脱和松动。此结牢固可靠，多用于大血管、张力较大的组织和皮肤缝合。不正确的打结如假结和滑结易松脱（图 1.48）。

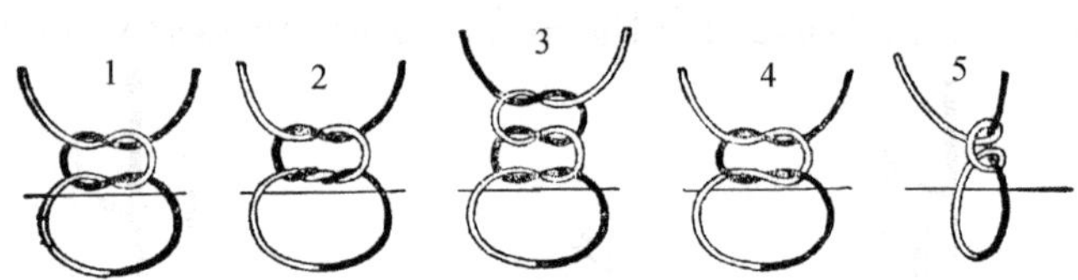

图 1.48　各种线结

1. 方结；2. 外科结；3. 三叠结；4. 假结；5. 滑结

常用的打结方法有单手打结、双手打结和器械打结几种。单手打结法简便迅速，左右手均可打结，但结线必须留得长些（图 1.49）。双手打结除了用于一般结扎外，对深部或张力大的组织缝合，结扎较为方便可靠。机械打结是用持针钳或止血钳打结，适用于结扎线过短、狭窄的术部、创伤深处和某些精细手术的打结。方法是把持针钳或止血钳放在缝线的较长端与结扎物之间，用长线头端缝线环绕止血钳一圈后，再打结即可完成第一结，打第二结时用相反方向环绕止血钳一圈后拉紧，成为方结（图 1.50）。打结时应注意在收紧时要求三点成一直线，即左、右手的用力点与结扎点成一直线不可成角向上提起，否则易使结扎点撕脱或结松脱。第一结和第二结的方向不能相同，两手用力要均匀，两手的距离不宜离线太远。

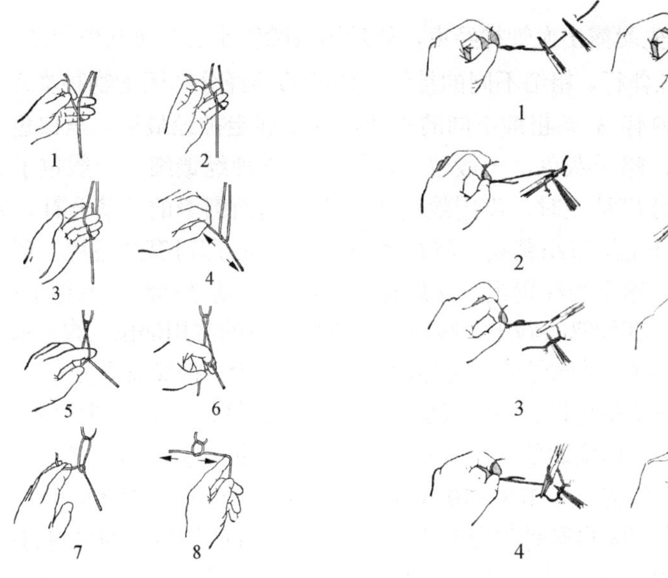

图 1.49　左手单手打结　　　　图 1.50　器械打结

缝合的方法很多，根据缝合后切口边缘的形态，可归纳为单纯缝合、内翻缝合，外翻缝合三类。每类又可分为间断和连续缝合两种。常用的有以下几种缝合法：①结节缝合，是最常用的基本缝合法。将缝针引入 15～25cm 缝线，于创缘一侧垂直刺入，于对侧相应的部位穿出进行打结的方法。每缝一针打一次结。常用于皮肤、皮下组织、黏膜或筋膜的缝合。②螺旋形连续缝合，是用一条长的缝线，先在创口一端缝合打结，然后用同一缝线以等距离作螺旋形缝合，最后留下线尾，在一边抽紧打结。常用于肌肉、腹膜及胃肠吻合口内层黏膜的缝合。③端端缝合，用以修复神经干完全断裂。用利刃修切神经干两断端使断面整齐，然后在神经两断端的内、外侧各缝一针，作固定牵引线，按 2～3mm 的针距，2mm 左右的边距用细丝线作结节或单纯连续缝合。将神经翻转 180°以同法缝合后侧。④荷包缝合，是内翻缝合的一种，即作环状的浆膜肌层连续缝合。主要用于胃肠壁上小范围的内翻，如缝合小的胃肠穿孔。此外，还用于胃肠、膀胱造瘘等引流管的固定等。

4. 颈部手术

1）气管分离　将动物背位固定，剪去颈部腹侧的毛，用手术刀在紧靠喉头下部沿正中线切开皮肤，切口长度在兔、猫 5～7cm，狗约 10cm，大白鼠或豚鼠 2.5～4cm。分离皮下结缔组织，露出胸骨舌骨肌，用止血钳由正中线将胸骨舌骨肌分开，即可暴露气管。

2）颈总动脉分离　颈总动脉位于气管外侧，腹面被胸骨舌骨肌和胸骨甲状肌所覆盖。可用左手拇指和食指捏住已分离的气管一侧的胸骨肌，再稍向外翻，即可将颈总动脉及神经束翻于食指上，用蚊嘴钳轻轻分离动脉外侧的结缔组织，便可将颈总动脉分离出来。

3）神经分离　先暴露出血管神经束，然后用蚊嘴钳小心分离其外的结缔组织膜，即可看到与颈总动脉伴行、粗细不同的神经。颈部的神经分布因动物种类而不同。兔颈部的血管神经束内有 3 条粗细不同的神经，其中迷走神经最粗，呈白色，位于外侧；交感神经稍细，略呈灰色，一般位于内侧；减压神经最细，一般位于迷走神经与交感神经之间。分离神经时，需用蚊嘴钳或尖端细而圆滑的玻璃分针，轻轻沿神经平行走向小心分开结缔组织鞘膜，将神经分离出 2cm 即可穿线备用。猫的迷走神经与交感神经并行，迷走神经较粗，交感神经较细，主动脉神经并入迷走神经中。

5. 腹部手术　在动物实验中，腹白线是腹部切口的常用部位。腹白线是位于腹中线下面的白色腱膜线，从胸骨的剑突隆起直至耻骨联合，神经血管分布极少。因此，通过腹白线所作的腹正中切口，不伤及肌肉、神经和血管，对动物损伤较小，出血较少。腹正中切口的长度因实验的要求和动物的种类而不同。如在观察兔胃和小肠运动的实验中，需在胸骨剑突下方作 8～10cm 的切口，才能充分暴露胃和小肠。而在兔尿生成的调节实验中，只需自耻骨联合向头方向作 2～3cm 的切口，即可将膀胱引出。

兔左侧内脏大神经的分离方法是沿腹白线由剑突向尾向作 3～10cm 的腹正中切口。以温热生理盐水纱布包住胃肠道，并推向右侧。在左侧腹腔后壁找到左肾。在肾脏上方，紧贴腹主动脉与左肾动脉夹角的上方，可见一杏黄色肾上腺，用止血钳分离肾上腺附近的脂肪组织，并向肾上腺斜外上方分离，在腹膜下隐约可见一乳白色的细神经与腹主动脉并行，此即内脏大神经，小心分离后穿线备用。

（九）部分动物生理学慢性实验手术方法

1. 狗的巴氏小胃（分胃）手术　手术的目的是将胃分成大、小两个胃。大、小胃的黏膜分隔互不相通，但小胃的浆膜与肌层仍然与大胃保持正常的血液与神经联系。因此，可从小胃收集到不混杂食物的纯净胃液，而它的分泌质量，又能反映整个胃的机能状态。

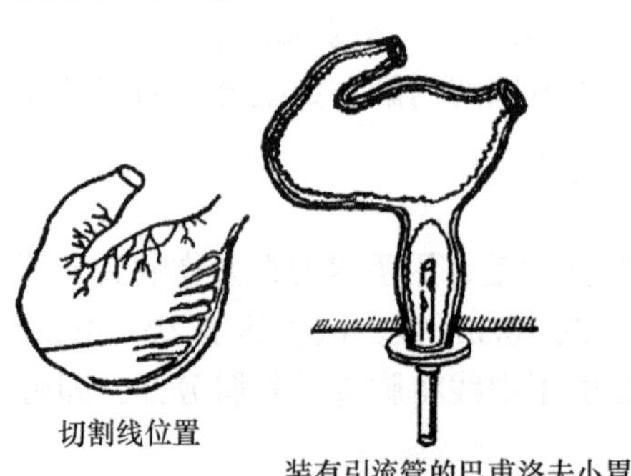

图 1.51　分胃手术示意图

动物麻醉后背位固定，剑状软骨下方中线切开进腹。剪断胃肝韧带，使胃体易于移动操作。大、小胃分隔线定于靠近大弯处，预计留出小胃大小为全胃面积的 1/4～1/5（图 1.51）。在分隔线两侧相距约 5cm 处，用两把胃钳以相对方向将胃体夹住（夹胃钳之前先将预定切割线下方的血管作双结扎剪断），从幽门方向开始沿预定切割线全层切透胃体，切开长度为全胃壁长度的 2/3～3/4，即保留近贲门端的 1/4～1/3 的胃体结构完整。用食指顶出未切断胃体部分的黏膜面，将前、后胃壁的黏膜稍加分离后切断，使大胃和小胃的黏膜层完全分离开来。先缝合大胃的黏膜，后缝合小胃黏膜。采用内截式平行连续缝合，缝线只穿过黏膜下层而不能穿透黏膜层，否则酸性胃液沿线道渗漏，将导致手术失败。接着，封闭切断的浆膜和肌层。小胃黏膜近幽门端无需全部闭合，留一开口，并将此开口通过腹壁引至腹壁外面。黏膜开口四周与腹壁缝合在一起，最后关闭腹腔。术后护理主要防止小胃液对腹壁伤口的腐蚀作用，也要避免动物舔咬局部伤口。

2. 瘤胃瘘管手术（羊）　全身麻醉或腰椎旁传导麻醉后右侧卧固定。左侧肋部上距腰椎横突 3～5cm，前距最后肋骨 4～6cm，作平行于肋骨的切口进腹。拉出瘤胃壁，选择血管较少处作两道荷包缝合，在内道缝合中心作“十”字切开瘤胃。荷包缝合大小及切口长度要根据瘘管底盘直径大小而定。装入瘘管后收紧荷包缝线，外道缝合需将内道缝线完全包埋。为防止瘤胃切开时瘤胃液体内容物流入腹腔，术前将动物禁食 24h，操作时将瘤胃壁与皮肤切口作若干针临时缝合，并在切开前在切点附近填塞敷料。

3. 狗胰腺导管瘘管手术

1）*直接插管法*　全身麻醉或腰椎旁传导麻醉后仰卧固定于手术台上。腹部剪毛后于剑突下沿正中线（或距正中线右侧 1～2cm）切开皮肤约 10cm 长，分离肌层、腹膜后，暴露腹腔。在创口周围垫一层纱布，用右手沿右腹壁伸入，触到十二指肠并移到腹腔外。从十二指肠后端找出胰尾向前 2～3cm 处，用两手拇指和食指轻压胰腺组织附着部的十二指肠侧壁，就能看到一白色小管从胰腺穿入十二指肠壁，即胰主导管（图 1.52）。如胰主导管与血管并行或在血管下面，需将血管结扎剪断方能看见。待认准胰主导管后，在其下方穿一手术缝线，在十二指肠靠近胰主导管的肠壁上剪一小口，插入注满生理盐水的胰管插管，结扎固定，再用线将插管固定于肠壁上。在胆总管进入十二指肠肠壁的部位，用手指可触摸到一小结节，此即胆总管和胰副导管在十二指肠内的开口，为了减少胰液分流，确保实验效果，应将此口结扎。上述手术完毕后将十二指肠复位，封闭创口，保持腹腔温度。

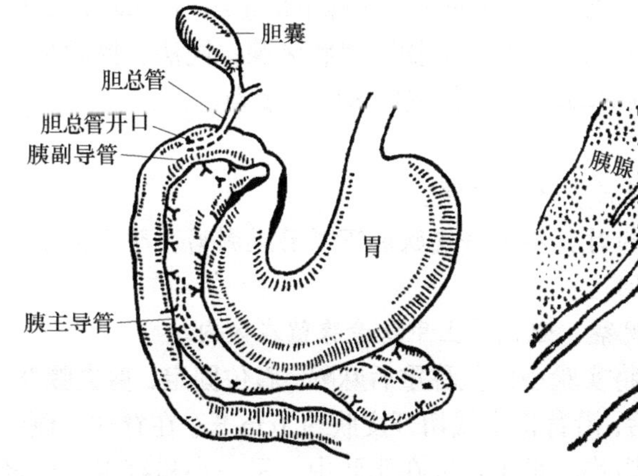

图 1.52　狗胰主导管和胆总管位置

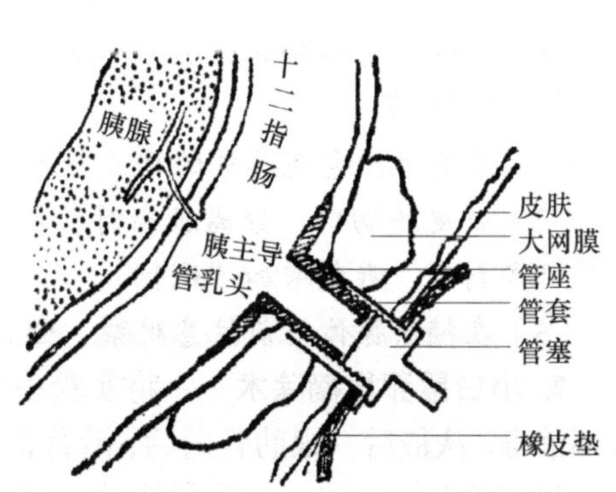

图 1.53　肠瘘管法胰腺导管插管示意图

2）肠瘘管法　此法常用于狗的胰腺导管引出，尤其适用于腰围细、腹部紧的狗。在胰腺导管进入十二指肠的该段肠壁（导管开口的对侧）安装一个普通的瘘管，瘘管固定在腹壁外切口上。实验时旋开瘘管盖寻找对侧黏膜面上小突起，小心地插入细口径（直径约 2mm）的聚乙烯软管以引出胰液（图 1.53）。

4. 胃、肠、子宫平滑肌电极慢性埋植术　动物经麻醉后背位或侧位固定在手术台上，术部大小、位置可根据要求而定。术部剪毛、消毒、切口。分别在胃、肠、子宫肌浆膜表面固定经消毒的、合格的双极 Ag-AgCl 乏极化电极。电极另一端导线从腹壁穿出，沿皮下前行，从背部或方便操作处皮肤穿出、固定。电线切忌拉得过紧。使用多对电极时，埋植位置需标记清楚，以免混淆。最后分别将腹壁、皮肤缝合并消毒术部。

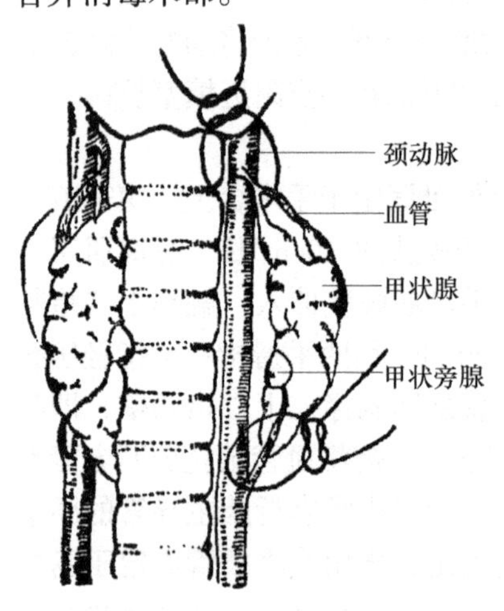

图 1.54　甲状腺和甲状旁腺切除

5. 大鼠甲状腺摘除术　将大鼠麻醉后背位固定在手术台上，颈部喉头处剪毛、消毒，沿颈部腹中线开口约 2cm。分离皮下组织后，将颌下腺推向两侧，再分开胸骨舌骨肌，露出甲状腺软骨和气管，附着在甲状软骨下方，气管两侧的即甲状腺，呈红色。结扎腺体旁边甲状腺动脉，分离并摘除两侧完整的甲状腺（图 1.54）。切勿损伤近旁的喉返神经，否则会发生呼吸困难，以至死亡。腺体摘除后，将肌肉和颌下腺复位，缝合皮肤、整理创面、消毒术部。

6. 狗甲状旁腺摘除术　将实验狗禁食 24h 后称重麻醉，将狗背位固定在手术台上。术部常规处理，沿颈部正腹线由甲状软骨向下切开皮肤 4～6cm，在喉下方气管两侧找到甲状腺。于甲状腺上部可见一灰白色卵圆形小体（约 2mm 长），即为甲状旁腺，下甲状旁腺常埋藏于甲状腺下部组织内。如图 1.54 所示，结扎一侧甲状腺的全部血管，连同甲状腺一起摘除甲状旁腺；同法，摘除另一侧腺体。缝合皮肤、整理创面、消毒术部，可注射抗生素以防感染。

【注意事项】

（1）麻醉时注意观察狗的反应，不宜过深。

（2）做皮肤切口，分离肌肉时，不要将皮肤和下层筋膜剥离，防止皮下筋膜和内层肌肉剥离，避免增加“死腔”。

（3）在摘除腺体之前注意观察，避免将上甲状旁腺留在体内。

7. 小白鼠卵巢摘除术　将实验小白鼠称重后麻醉，腹位固定，剪去腰背部毛、术部消毒。从最后一根肋骨向后，沿背正中线切开皮肤约 1cm 长。在脊柱一侧约 1cm 处，腹壁剪开一小口，用眼科镊将卵巢（包埋在脂肪中，呈一小粉红点）轻轻拉到腹腔外，用丝线将卵巢与输卵管连接处结扎，摘除卵巢。同法，摘除另侧卵巢。缝合切口、整理术部并消毒。将小鼠放置在温暖地方，待其清醒。

8. 兔胆总管插管　将实验兔腹部剪毛，沿剑突下正中线切开皮肤，切口长约10cm，打开腹腔。沿胃幽门端找到十二指肠，在十二指肠上端的背侧可见一黄绿色较粗的肌性管即胆总管（图1.55）。在近十二指肠处仔细分离胆总管（注意避免出血），在其下穿一丝线。在靠近十二指肠处的胆总管上，向胆囊方向剪一小口，插入细管，用丝线结扎固定。细管插入胆总管后，立即可见绿色胆汁从插管流出。如果不见有胆汁流出，则可能细管插入胆管周围组织，需取出重插。注意插入的细管应与胆总管相平行。

9. 鼠肾上腺摘除术　将实验鼠用乙醚麻醉后俯卧固定于蛙板上，于最后肋骨至骨盆区背部剪毛。用碘酊消毒后，从最后胸椎处向后，沿背部中线切开皮肤1.0～1.5cm（大鼠约3cm）。先在一侧，于最后肋骨后缘和背最长肌的外缘分离肌肉，用镊子扩大创口，露出脂肪囊，找到肾脏，在肾脏的前上方可看到由脂肪组织包裹的粉黄色绿豆大小的肾上腺（图1.56）；用外科镊子钳住肾上腺和与其相连的脂肪及结缔组织，不必结扎血管就可摘除腺体。将肌肉创口缝合。用同样方法，再摘除另一侧肾上腺，最后缝合皮肤，并涂以碘酊。

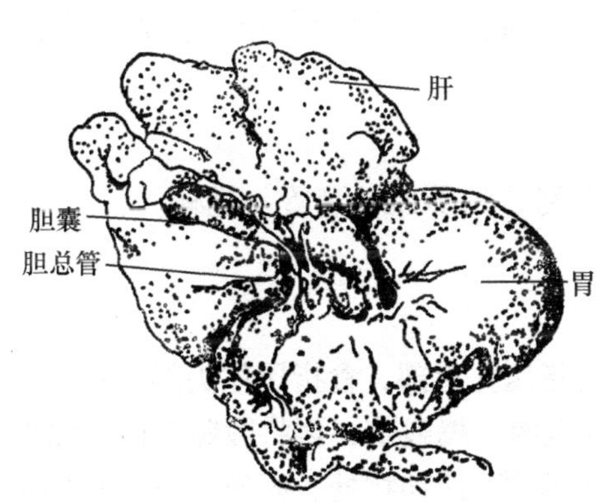

图1.55　兔肝胆解剖示意图

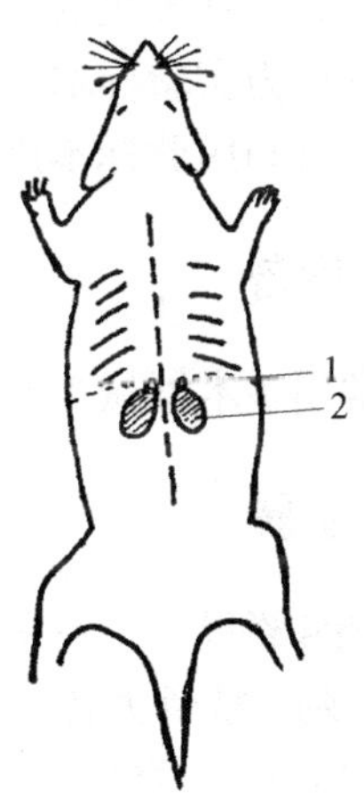

图1.56　鼠肾上腺示意图

1. 肾上腺；2. 肾脏

第二章　神经和肌肉

§实验1　蟾蜍坐骨神经-腓肠肌标本的制备

一、目的

学习并掌握两栖类坐骨神经-腓肠肌标本的制备方法。

二、原理

两栖类一些基本的生命活动和生理功能与温血动物类似，但离体组织或器官可存活较长时间，且所需的存活条件比较简单，因此在动物生理实验中常用两栖类离体组织或器官作为实验标本。坐骨神经-腓肠肌标本的制备是动物生理实验的一项基本操作技术，可利用此标本进行多种因素对神经-肌肉生理机能影响的探索性实验。

三、材料和设备

蟾蜍、常用手术器械1套、林格液、锌铜弓、培养皿、滴管、烧杯。

四、方法和步骤

1. 损毁脑和脊髓　一手握住蟾蜍，用拇指压住背部，食指压住头部，另一手持毁髓针，垂直刺入枕骨大孔，将针尖向前刺入颅腔，捣毁脑，再将毁髓针退至枕骨大孔，针尖转向后方，与脊柱平行刺入椎管，捣毁脊髓，使动物处于瘫痪状态（图2.1A）。

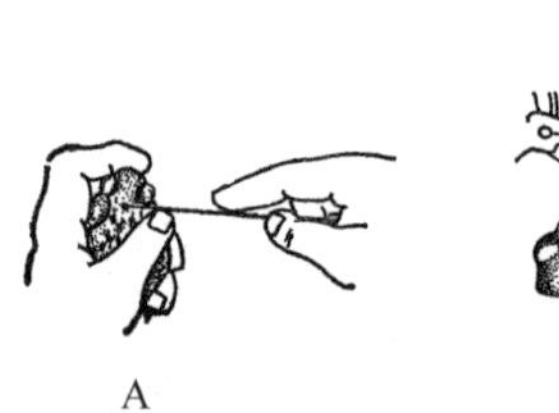
A

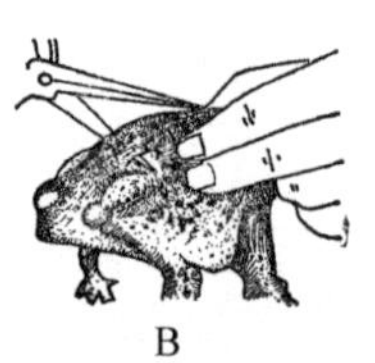
B

C

D

图2.1　蟾蜍坐骨神经-腓肠肌标本制备

A. 毁脑脊髓；B，C. 剪除躯干前段及内脏；D. 去皮肤

2. 剥制后肢标本 先剪去尾椎末端及泄殖腔周围皮肤并在荐尾关节前0.5～1cm处用剪刀剪断脊柱，将前半躯干、内脏和后肢皮肤一并剥离，仅保留一段腰背部脊柱及两后肢，将其放入林格液中。清洗手及用过的手术器械（图 2.1B，C，D）。

3. 分离两后肢 将后肢腹面向上置于玻璃板上，用剪刀沿脊柱正中线至耻骨联合中央将标本分为两半，一条后肢继续剥制标本，另一条放入林格液中待用。

4. 分离坐骨神经 用玻璃分针游离坐骨神经腹腔段。然后换至背侧向上，持玻璃分针沿股二头肌和半膜肌之间的肌缝，找出坐骨神经，用玻璃分针轻轻挑起神经，向前分离到腹腔部，向后剪去支配腓肠肌之外的神经分支，然后将坐骨神经中枢端连带一小块椎骨剪下。沿膝关节剪去股骨周围的肌肉，将股骨刮净，保留膝关节端股骨 1cm，剪去其余部分（图 2.2A，B）。

5. 分离腓肠肌 在腓肠肌跟腱下穿线、结扎。提起结扎线，在结扎线下端剪断跟腱。用玻璃分针游离腓肠肌至膝关节处，剪去以下部位，制成坐骨神经-腓肠肌标本。完整的坐骨神经-腓肠肌标本应包括连有坐骨神经的脊椎骨、坐骨神经、腓肠肌、股骨头或胫腓骨头四部分（图 2.2C，D）。

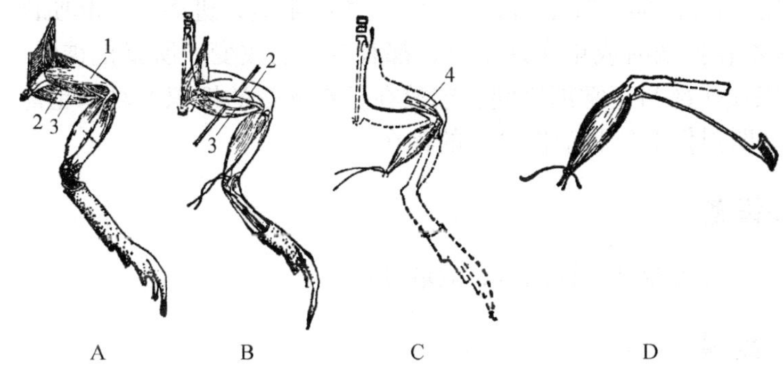

图 2.2 蟾蜍坐骨神经-腓肠肌标本制备

A. 后肢肌肉背面；B. 坐骨神经位置；C，D. 标本

1. 股三头肌；2. 股二头肌；3. 半膜肌；4. 股骨

6. 检验标本 用蘸有林格液的锌铜弓轻触一下坐骨神经，如腓肠肌发生迅速而明显的收缩，说明标本的兴奋性良好。将标本浸入林格液中备用。此标本可以用于神经干兴奋的传导、神经-肌肉接头的兴奋传递及骨骼肌的收缩等实验。

五、注意事项

（1）操作过程中应注意使蟾蜍头部向外侧，不要挤压耳后腺以防耳后腺分泌物射入实验者眼内。如被射入，应立即用生理盐水冲洗眼睛。

（2）避免污染、压挤、损伤和用力牵拉神经和肌肉，不可用金属器械触碰神经干。

（3）在操作过程中，应给神经和肌肉滴上林格液，以防表面干燥，影响标本的兴奋性。

六、思考题

1. 剥皮后的神经-肌肉标本有血液，可以用自来水冲洗吗？为什么？

2. 为什么不能用金属器械接触神经-肌肉标本？锌铜弓为什么可以检测标本的兴奋性？

§实验 2 生物电现象的观察

一、目的

通过实验证明生物电现象的存在。

二、原理

电流作用于神经-肌肉标本后，由于产生生物电流，进而可引起肌肉的收缩。而神经肌-肉标本在损伤时或正在兴奋时，都有电位的改变，所以把神经-肌肉标本的神经放在组织损伤部与正常部之间，或放在正在兴奋的组织上时，也能引起肌肉的收缩，从而证明损伤电位和动作电位的存在。

三、材料和设备

蛙或蟾蜍、解剖器械、锌铜弓、玻璃分针。

四、方法和步骤

（1）先剥制好两个神经-肌肉标本，并用锌铜弓检查标本是否正常。

（2）将一个神经-肌肉标本的神经的一点轻置于腓肠肌的损伤部，另一点置于正常部，观察在接触的瞬间是否引起肌肉的收缩。

（3）将甲标本的神经放在乙标本的肌肉上，再用锌铜弓刺激乙标本的神经，观察是否引起甲标本肌肉的收缩。

五、注意事项

标本制作好后应立即进行实验，以保持其活性。

六、思考题

1. 在步骤（3）中刺激乙标本时为什么能引起甲标本肌肉的收缩？

2. 设计另一实验来证明生物电现象。

§实验3 刺激强度与肌肉收缩的关系

一、目的

应用电刺激方法测出肌肉阈刺激、阈上刺激与最大刺激的强度值，以了解刺激强度与肌肉收缩的关系。

二、原理

当肌肉受到刺激而发生兴奋时，便表现出收缩活动，但并非任何强度的刺激都能引起肌肉收缩反应，而必须达到强度阈值。测定能引起肌肉收缩反应的刺激强度，电刺激方法较为理想。由弱到强依次进行刺激，从阈刺激起始，随着刺激强度的增加，肌肉收缩力也相应地增大。当刺激强度增加到一定限度时，肌肉收缩也达到最大限度，如再增大刺激强度，肌肉收缩力就不再增大。

三、材料和设备

蟾蜍、计算机生物信号实验系统、支架、林格液、培养皿、张力换能器（30g）、保护电极、手术剪、镊子、丝线、肌槽。

四、方法和步骤

本实验可采用在体法和离体法两种方法进行。

1. 在体法

（1）毁损蟾蜍的脑和脊髓。

（2）用丝线结扎腓肠肌止点并游离至起点。

（3）在股部分离出坐骨神经，其下置一保护电极以作刺激用。

（4）将结扎腓肠肌的丝线另一端与张力换能器相连，用固定蛙钉固定后肢。用“自动幅度调节”方式对坐骨神经进行刺激，记录腓肠肌收缩曲线，并分别找出阈刺激、阈上刺激与最大刺激的强度值。

2. 离体法 制备坐骨神经-腓肠肌标本，并将标本置于肌槽中，刺激电极置于神经干下，结扎腓肠肌肌腱的丝线与换能器相连。用“自动幅度调节”方式对标本的坐骨神经进行刺激，记录腓肠肌收缩曲线，并分别找出阈刺激、阈上刺激与最大刺激的强度值。

五、思考题

1. 为何肌肉收缩随刺激强度的增加而增强，但到最大刺激强度后其收缩力却不再增强？

2. 引起肌肉收缩的阈刺激、阈上刺激及最大刺激是何意义？

§实验 4　强度-时间曲线的测定

一、目的

了解引起组织兴奋的刺激强度与刺激时间的相关性。

二、原理

可兴奋组织受到刺激后能否发生兴奋反应，不仅需要一定的刺激强度，而且也需要一定的刺激时间。刺激强度与时间之间的相互关系可以用强度-时间曲线来表示。改变刺激时间，分别测出引起组织兴奋的阈强度，然后以时间为 x 轴、阈强度为 y 轴，绘制出来的曲线为该组织的强度-时间曲线。当刺激作用时间足够长时的阈刺激强度称为基强度。在 2 倍基强度下引起组织兴奋所需的最短刺激作用时间称时值，这是衡量组织兴奋性的重要指标之一。

三、材料和设备

蟾蜍或坐骨神经-腓肠肌标本、计算机生物信号实验系统、培养皿、林格液、棉线、2%普鲁卡因溶液、肌槽、乏极化电极。

四、方法和步骤

（1）参考实验 3 的方法连接实验装置。

（2）调整刺激时间为 30ms，用“自动幅度调节”方式进行刺激，测出阈强度即基强度。

（3）调整强度为基强度的 2 倍，测出肌肉兴奋所需的最短刺激时间，即时值。

（4）将刺激时间分别调至时值的 0.5、0.75、1.0、1.25、1.5、2.0、4.0、8.0 倍，逐个测出不同刺激时间的阈强度。

（5）以 x 轴为刺激时间，y 轴为刺激强度，将以上实验结果绘出强度-时间曲线，并标出基强度、利用时和时值。这一曲线就是坐骨神经-腓肠肌标本的强度-时间曲线。

（6）改变组织的兴奋性对强度-时间曲线的影响：用蘸有 2%普鲁卡因的棉球湿润刺激电极处的神经干标本，大约 2min 以后，再按以上步骤测定该标本的基强度、时值和强度-时间曲线，并将这些数据绘于前图中。也可将神经干标本置于 4℃的林格液中浸放 5min 以后再测定，绘出强度-时间曲线。

五、注意事项

整个测试过程要尽量迅速缩短实验时间，长时间的刺激会使得组织的兴奋性发生变化，导致测得的时间-强度曲线不理想。

六、思考题

1. 可兴奋组织强度-时间曲线的测定结果可说明什么问题？
2. 强度-时间曲线发生右移或左移说明什么问题？

§实验5　神经干动作电位观察及其传导速度的测定

一、目的

观察蛙类坐骨神经干的单相、双相动作电位基本波形，测定兴奋的传导速度并了解其产生原理。

二、原理

在有效刺激作用下（常用电刺激），神经纤维膜内外产生去极化，当其极化达到阈电位时，能诱发膜产生一次在神经纤维上可传导的快速电位反转，此为动作电位（action potential，AP）。神经干动作电位是神经兴奋的客观标志，处于兴奋状态的部位对静止部位而言，膜外电位呈负电性质，当神经冲动通过以后，膜外电位又恢复到静止时水平。

如果两个引导电极置于正常完整的神经干表面，兴奋波先后通过两个电极处，便引导出两个方向相反的电位偏转，称为双相动作电位。如果两个引导电极之间神经组织有损伤，兴奋波只通过第一个引导电极，不能传至第二个引导电极，则只能引导出一个方向的电位偏转波形，称为单相动作电位。

神经干由许多神经纤维组成，神经干动作电位与单根神经纤维的动作电位不同，它是由许多神经纤维动作电位综合成的综合性电位变化，所以神经干动作电位幅度在一定范围内可随刺激强度的变化而变化。

动作电位在神经干上传导有一定的速度。不同类型的神经传导速度不同，神经纤维越粗则传导速度越快。测定神经冲动在神经干上传导的距离与通过这段距离所需的时间，可根据距离（s）、时间（t）、速度（v）的关系求出神经冲动的传导速度，即 $v=s/t$。

利用神经干标本还可以开展对神经干反应和传导影响因素的实验。

三、材料和设备

蟾蜍、计算机生物信号实验系统、神经标本屏蔽盒、蛙板、小烧杯、滴管、瓷板、蛙手术器械一套、林格液。

四、方法和步骤

（一）蛙坐骨神经干标本制备

标本制备方法参考实验 1，只是为了获得尽量长的神经干标本，在分离到腓肠肌后再继续沿神经一分支（胫神经）一直分离至踝关节附近，末端结扎并剪断。

（二）仪器连接和调试

（1）将计算机生物信号实验系统的刺激输出与信号输入分别与神经屏蔽盒的刺激电极和引导电极相连，选用刺激器触发使扫描同步。

（2）将神经屏蔽盒内所有电极用浸有林格液的棉球擦净。

（3）用镊子夹住已制备好的神经标本的一端，将其放置于电极上（图 2.3），用滤纸片吸去标本上过多的林格液。

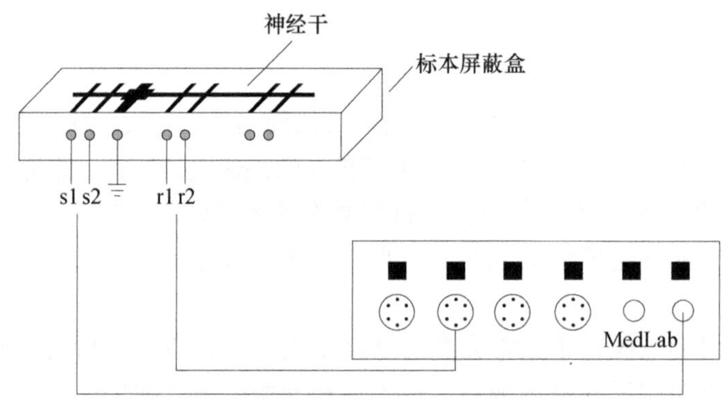

图 2.3　神经干动作电位实验装置

（4）实时调节计算机生物信号实验系统和刺激器的延迟，使动作电位波形正好出现在显示屏的适中位置。

（5）神经干动作电位传导速度测定需由两对引导电极分别与计算机生物信号实验系统的两个信号输入通道相接来引导神经干动作电位。

（三）观察项目

（1）双相动作电位的观察：计算双相动作电位时程及上升相、下降相宽度及幅值，计算自伪迹起点至动作电位起点所需的时间。

（2）调节刺激强度求出在相应刺激波宽下动作电位产生的阈强度和顶强度。

（3）单相动作电位的观察：用镊子将两个记录电极之间的神经夹伤，此时显示屏上呈现单相动作电位（图 2.4），观察其形状并计算时程、幅值及伪迹至单相动作电位起点所需时间。

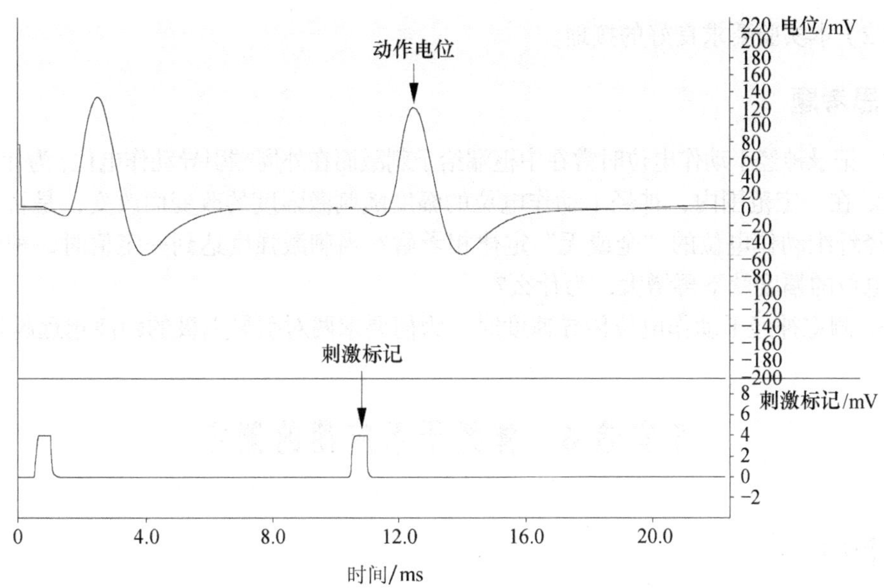

图 2.4　神经干动作电位

（4）两个通道同时记录下神经干动作电位（图 2.5）。

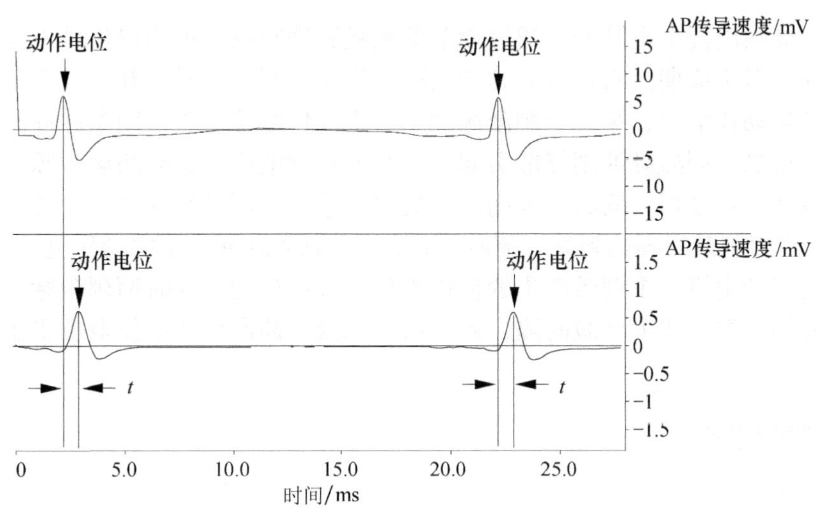

图 2.5　神经干传导速度的测定

（5）测量两动作电位之间时差和两对引导电极之间的距离（有的屏蔽盒内两对引导电极之间距离固定为 2cm）。计算神经干传导速度。

五、注意事项

（1）分离神经时应小心，尽可能使其保持最良好的生物流行性。

（2）本实验要求良好的接地。

六、思考题

1. 记录神经干动作电位时常在中枢端给予刺激而在外周端引导动作电位，为什么？

2. 在一定范围内，神经干动作电位的幅度随刺激强度的改变而改变，是否与单根神经纤维动作电位的“全或无”定律相矛盾？当刺激强度达到一定值时，神经干动作电位的幅度就不再增大，为什么？

3. 测定神经干动作电位传导速度时，为何要求两对引导电极的距离越远越好？

§实验6　神经干不应期的测定

一、目的

测定蟾蜍坐骨神经的绝对不应期和相对不应期，并了解其测定原理。

二、原理

刺激器输出两个电脉冲，通过调节两刺激脉冲间隔，可测得坐骨神经的绝对不应期和相对不应期。将两刺激脉冲间隔由最小逐渐增大时，开始只有第一个刺激脉冲产生动作电位，第二个刺激脉冲不产生动作电位。当两刺激脉冲间隔达一定值时，第二个刺激脉冲刚好能引起一极小的动作电位，这时两刺激脉冲间隔为绝对不应期。继续增大刺激脉冲间隔，这时由第二个刺激脉冲产生的动作电位逐渐增大，当两刺激间隔达到某一值时，由第二个刺激脉冲产生的动作电位的幅值，其大小刚好和由第一个刺激产生的动作电位的大小相同，这时两刺激脉冲间隔为相对不应期。继续增大刺激间隔，此时由两刺激脉冲产生的动作电位将始终保持完全一致。

三、材料和设备

同实验5。

四、方法和步骤

（1）制备蟾蜍坐骨神经标本。

（2）仪器连接和调试：类同实验5。

（3）观察项目：

A. 顶强度的测定：用“自动幅度调节”刺激方式，找出该坐骨神经的刺激顶强度。

B. 坐骨神经绝对不应期的测定：用“自动间隔调节”方式刺激标本，强度为顶强度，当串间隔达到一定值时，第二个刺激脉冲也开始引起一微弱的动作电位，此时的串间隔为绝对不应期。

C. 坐骨神经相对不应期的测定：在观察项目 B 的基础上进一步增大串间隔，这时由第二个刺激脉冲引起的动作电位幅度逐渐增大，当第二个动作电位幅值刚好达到第一个动作电位幅值大小时，此时的串间隔为相对不应期。

D. 重复以上实验，在相对不应期内增大测试刺激的强度时，缩小的第二个动作电位幅度可达到第一个的水平。但如果是在绝对不应期内，虽然增大刺激强度，却不能引起神经的第二次兴奋。

五、思考题

1. 何谓神经的不应期？不应期长短有何生理意义？
2. 神经干不应期与单根神经纤维不应期有何不同？

§实验 7　骨骼肌的单收缩和复合收缩

一、目的

观察骨骼肌在不同刺激频率下的收缩状况，了解肌肉的单收缩和复合收缩的形成过程。

二、原理

肌肉和其他任何活组织一样，都具有兴奋性，当受到刺激而发生兴奋时，便表现出收缩活动的反应。一个短促的阈上刺激直接作用于肌肉或通过神经间接作用于肌肉，则肌肉发生一次收缩，然后舒张，这一现象称肌肉的单收缩。单收缩活动可区分为潜伏期、收缩期和舒张期 3 个时期。如果使两个相继的刺激作用于骨骼肌，而第二个刺激正好落在第一个刺激所引起的收缩期或宽息期内，结果肌肉的第一个收缩尚未结束，便又对第二个刺激发生反应，从而引起收缩的总合。连续刺激中若刺激间隔大于肌肉收缩活动的收缩期和舒张期之和，则肌肉产生单收缩；若刺激间隔小于肌肉收缩活动的收缩期和舒张期之和，且大于肌肉收缩活动的收缩期，则肌肉产生不完全强直收缩；刺激间隔小于肌肉收缩活动的收缩期，则肌肉产生完全强直收缩。

三、材料和设备

蟾蜍、计算机生物信号实验系统、支架、林格液、培养皿、张力换能器、保护电极、手术剪、镊子、丝线、肌槽。

四、方法和步骤

（1）计算机生物信号实验系统准备和动物准备：同实验 3。

（2）以单刺激方式测出阈强度。

以下步骤以自动频率调节方式进行，首频率为 1Hz，增量为 2Hz，末频率为 25Hz，刺激强度为阈上刺激。

（3）记录肌肉单收缩。

（4）记录肌肉不完全强直收缩。

（5）记录肌肉完全强直收缩（图 2.6）。

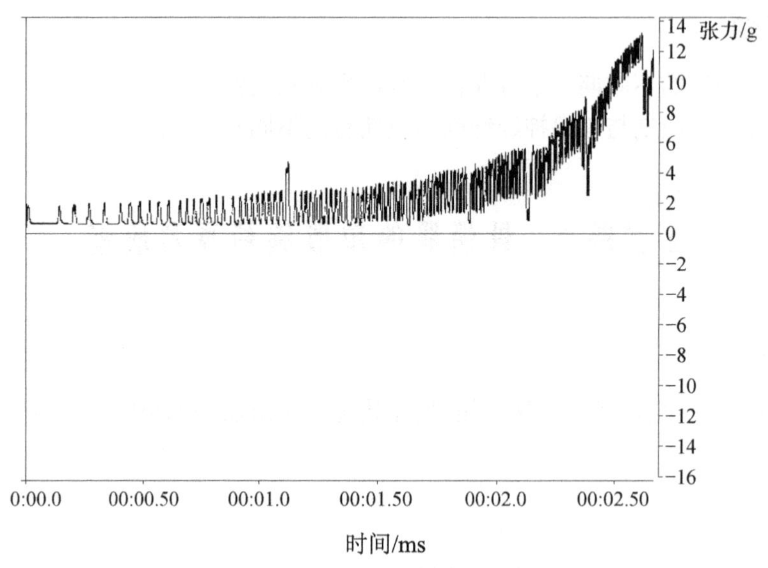

图 2.6　骨骼肌收缩曲线描记

五、思考题

1. 何谓肌肉收缩的临界融合频率？
2. 单收缩和复合收缩的振幅不同，说明什么？
3. 哪些因素可影响骨骼肌的收缩？

第三章　血　　液

§实验 8　血液组成和红细胞比容的测定

一、目的

了解血液的组成，区别血浆、血清、血细胞及纤维蛋白，测定红细胞比容。

二、原理

血液是一种广义的结缔组织，它是由液态的血浆和悬浮于其中的血细胞所组成。抗凝血离心后，由于血细胞比重略大于血浆，将出现分层。上部为血浆，下面红色部分为红细胞，红细胞与血浆之间有一薄层灰白色部分为白细胞和血小板。红细胞占全血的体积比称为红细胞压积（packed-cell volumn，PCV），又叫比容，可用温氏分血管（Wintrobe 管）离心测定。若不加抗凝剂，血液凝固后会析出血清。血液脱去纤维蛋白后则不会凝固，称脱纤血。

供检验用的血液样品，一般采自静脉血。大动物可采集较大量血液，而小动物和实验动物的采血量较少，只能根据检验的目的、动物种类和病情酌定采血量。一般根据检测项目的方法和对标本的要求不同，临床检验采用的血液标本分为全血、血清和血浆。全血主要用于血细胞成分的检查，血清和血浆则用于大部分临床生化检查和免疫学检查。

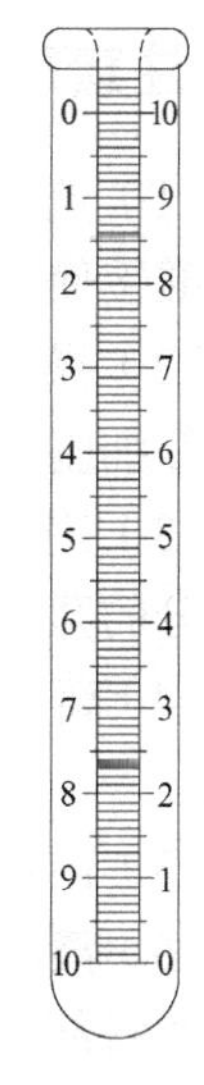

图 3.1　温氏分血管

三、材料和设备

家兔、注射器、草酸盐抗凝剂①、试管、长针头、温氏分血管（图 3.1）、天平、吸管、离心机、带开叉橡皮管的玻棒、烧杯。

---

① 草酸盐抗凝剂的配制：草酸铵 1.2g（能与 Ca^{2+}结合但可使红细胞略膨大）和草酸钾 0.8g（能与 Ca^{2+}结合但可使红细胞略缩小，二者合用，可以保持红细胞体积），加蒸馏水 100mL，每 0.1mL 草酸盐抗凝剂可使 1mL 血液不凝。

四、方法和步骤

（1）心脏穿刺法抽取家兔血液后，立即放入已加抗凝剂并烘干的试管内，缓慢颠倒试管 2～3 次，使血液与抗凝剂混匀。用长针头吸取抗凝血，从底部开始缓慢注入温氏分血管（图 3.1）中至近管口刻度 10。将分血管放入离心机中，3000r/min 离心 30min。取出分血管观察，其上层为血浆，底层为压紧的血细胞，血浆与红细胞之间有一薄层白细胞和血小板。观察并记录血浆和血细胞的颜色和透明度等特性，测定红细胞柱的高度及细胞加血浆的高度后再以 3000r/min 离心 5min。再次测定红细胞柱的高度及细胞加血浆的高度，若读数不变则表明红细胞已经被压紧，然后按下面公式计算比容。

$$红细胞比容（\%）=\frac{红细胞高度（mm）}{血细胞高度（mm）+血浆高度（mm）}\times 100$$

（2）取 20mL 新鲜血放在小烧杯中，以带开叉橡皮管的玻璃棒搅动数分钟，可见到开叉橡皮管上有许多丝状物缠绕，此为纤维蛋白。用水冲洗后，观察其颜色及韧性。

（3）取 2mL 新鲜血液，加入到试管中，静置数分钟，可见凝固现象发生。凝块回缩后析出的液体为血清。

五、注意事项

（1）选择抗凝剂必须考虑到不能使红细胞变形、溶解。草酸钾使红细胞皱缩，而草酸铵使红细胞膨胀，二者配合使用可互相缓解。鱼类多用肝素抗凝。

（2）操作过程中要防止出现溶血。血液与抗凝剂混合、注血时应避免动作剧烈引起红细胞破裂。

（3）用抗凝剂湿润的毛细玻璃管（或温氏比容管）内壁要充分干燥，并尽量减少水分的蒸发。血液进入毛细管内的刻度读数要精确，血柱中不得有气泡。

（4）离心前应用天平将离心机旋转轴两侧相应的两个套筒及其内容物的总质量平衡。

（5）向比容管中加血时应避免产生气泡。

（6）离心后红细胞表面是斜面，应静置数分钟，待红细胞表面平坦后读取数值，或取倾斜部分的平均值。

六、思考题

1. 血液由哪些成分组成，各有什么生理作用？
2. 血浆与血清有何区别，如何制备？
3. 测定红细胞比容有哪些实际意义？在哪些情况下，红细胞的比容明显增加？

§实验 9 血细胞计数

一、目的

了解红细胞、白细胞和血小板的人工计数原理并学习其测定方法。

二、原理

血液中血细胞数很多，无法直接计数，需要将血液稀释到一定倍数，然后再用血细胞计数板，在显微镜下计数一定容积的稀释血液中的红、白细胞数量，最后将之换算成每升血液中所含的红、白细胞数。在临床上可使用生化分析仪使血细胞计数工作自动化。

三、材料和设备

血细胞计数板、微量毛细吸血管（20μL）、移液管（1mL、2mL、5mL）、小试管、显微镜、一次性采血针、75%酒精棉球、红细胞稀释液、白细胞稀释液、血小板稀释液、盖玻片、计数器。

四、方法和步骤

1. 检查计数板 实验前，首先检查计数板及血红蛋白吸管是否清洁，如有污垢，应先洗净擦干。然后将计数板放于低倍镜下，熟悉计数室的构造（图 3.2 和图 3.3）。

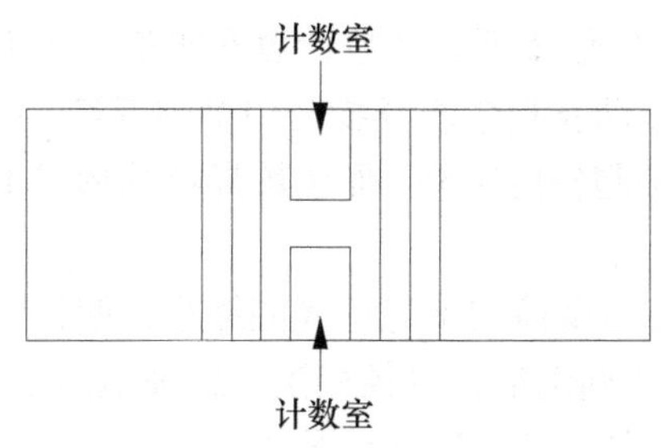

图 3.2 血细胞计数板平面图

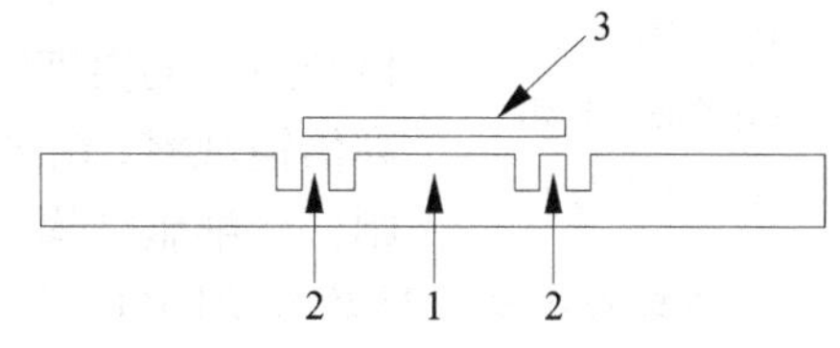

图 3.3 血细胞计数板纵切面图

1. 计数室，计数室与盖玻片的距离为 0.1mm；2.盖玻片支柱；3. 盖玻片

2. 细胞计数板的构造 记数板为一块长方形厚玻璃板，中间有四条平行槽沟，在中间的两条槽沟之间，有一条横槽沟，使其构成 2 个长方形的平台。平台比整个玻璃板的平面低 0.1mm，所以当搁上一块盖玻片后，平台与盖玻片之间距离（即高度）为 0.1mm。两平台中心部分各有一计数室，划分为 9 个大方格，每个大方格面积为 $1mm^2$，

体积为 0.1mm^3。四角的大方格又分为 16 个中方格，用于白细胞计数。中央大方格分成 25 个中方格，每个中方格面积为 0.04mm^2，体积为 0.004mm^3。每个中方格又分成 16 个小方格。中央大方格的四角四个中方格和中央一个中方格常用于红细胞计数。

3. 采血和稀释 用相应的移液管分别吸取 3.98mL 红细胞稀释液、0.38mL 白细胞稀释液和 3.98mL 血小板稀释液并放入 1～3 号试管中备用。用酒精棉球消毒动物的采血部位，待其干燥后，用消毒过的采血针刺破皮肤，使血液流出，第一滴血液用干棉球拭去不要，当第二滴血液积聚较多时，用 3 支微量毛细吸血管分别准确吸取血液 20μL，擦净管外黏附的血液，然后将血液分别轻轻吹入 3 支盛有血细胞稀释液试管的底部，并用上清液清洗吸血管 2～3 次，轻轻摇动试管使血液与稀释液充分混匀。

4. 计数方法 将计数室上的盖玻片放妥并置于显微镜上，用洁净的玻璃棒蘸取少量已经稀释并混匀的血细胞悬液，滴于计数室和盖玻片交界处，使之自动渗入。静置 2～3min 待血细胞下沉，血小板则需 15min。若计数池未被布满或过多以致盖玻片浮动，或弄到盖玻片外面都需重新充池（布血）。之后就可在低倍镜下检查各计数格内细胞分布是否均匀，分布均匀者才能进行计数。计数前在显微镜下认清各种血细胞的形态。要注意显微镜的载物台应绝对平置不能倾斜，以免血细胞向一边集中。光线不必过强，为此，可调节显微镜的虹彩和集光器。

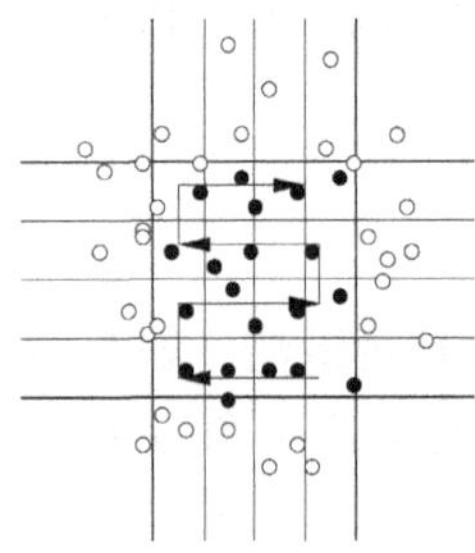

图 3.4 红细胞计数图

● 应计数的红细胞；

○ 不应计数的红细胞；

→ 计数时的方向与顺序

1）计数红细胞 把计数室中央的大方格置于视野内，转用高倍镜，计数中央大方格四角和正中的 5 个中方格内的红细胞总数。计数时必须遵循一定方向逐格进行，对四边压线的红细胞，只数其中相连的两边（如上边和左边），另两边（如下边和右边）的不计（图 3.4）。

2）计数白细胞 在低倍镜下，计数计数室四角 4 个大方格中所有的白细胞总数。防止把尘埃异物与白细胞混淆，可用高倍镜观察，白细胞有细胞核的结构，而尘埃异物的形状不规则，无细胞结构。

3）计数血小板 计数方法同红细胞。应将显微镜的聚光镜光圈缩小，使视野略暗，以便能看清血小板的折光。血小板为圆形或椭圆形，直径相当于红细胞的 1/4～1/5，应注意将血小板与红细胞、白细胞碎片区别开来，防止错误计数。

5. 计算 血细胞数/mm^3＝血细胞计数值÷计数体积（mm^3）× 稀释倍数

1）红细胞 加 20μL 血液于 3.98mL 红细胞稀释液中，血液被稀释 200 倍。共计数 5 个中方格的红细胞总数，一个中方格的容积为 0.2mm × 0.2mm × 0.1mm，即 0.004mm^3。5 个中方格的总容积为 0.004mm^3 × 5=0.02mm^3，因此，红细胞数/mm^3＝5 个中方格中所数的红细胞数 ÷ 0.02 × 200。

2）白细胞 加 20μL 血液于 0.38mL 白细胞稀释液中，血液被稀释 20 倍。共计数 4 个大方格的白细胞总数，一个大方格的容积为 1mm × 1mm × 0.1mm，即 $0.1mm^3$。4 个大方格的总容积为 $0.1mm^3 \times 4=0.4mm^3$，因此，白细胞数/mm^3=4 个大方格中所数的白细胞数÷0.4 × 20。

3）血小板　加 20μL 血液于 3.98mL 血小板稀释液中，血液被稀释 200 倍。血小板数/mm^3=5 个中方格中所数的血小板数 ÷ 0.02 × 200。

五、注意事项

（1）采血部位彻底剪毛后，涂一薄层凡士林可以使血液成滴便于吸收。吸血时将吸管下端开口放入血液中部，尽量利用毛细现象使血液自动进入吸管内。取血操作应迅速，以免凝血。血液加入试管后，需充分摇匀，但动作要轻，避免出现气泡和破坏血细胞。

（2）吸取血液时，采血管中不得有气泡，吸血和稀释液的体积一定要准确，稀释液的用量要准；计数室充液量不可过多或过少，过多可使盖玻片浮起，过少则易形成小的空气泡，使计数结果不准确甚至无法计数。

（3）计数室只能用自来水和蒸馏水相继冲洗，然后以丝绢轻轻拭净，切不可用乙醇和乙醚洗涤。洗净后在低倍镜下熟悉计数室的构造。

（4）计数时，显微镜要放稳，载物台应置水平位，不得倾斜。计数室内细胞分布要均匀。如发现各中方格红细胞数目相差 20 个以上或各大格的白细胞数目相差 8 个以上，表明血细胞分布不均匀，必须把稀释液摇匀后重新计数。

（5）微量吸管或试管每次用完后，先用清水吸吹数次，然后用蒸馏水、乙醇、乙醚，按次序分别吸吹数次，干后备用。血细胞计数板用蒸馏水冲洗后，用丝绢轻轻擦干即可，切不可用粗布擦拭，也不可用乙醇、乙醚等溶液冲洗。

六、思考题

1. 分析影响计数准确性的可能因素。
2. 各种血细胞有哪些生理功能？
3. 影响血细胞成分的因素主要有哪些？

【附】

1. 红细胞稀释液：

NaCl（维持渗透压）	0.5g
Na_2SO_4（增加溶液比重使红细胞均匀分布，不易下沉）	2.5g
$HgCl_2$（固定红细胞并防腐）	0.25g
蒸馏水	加至 100mL

2. 白细胞稀释液：

冰醋酸（破坏红细胞）	2.0mL

1%龙胆紫或1%亚甲蓝（染白细胞核成淡蓝色，以便识别）	1.0mL
蒸馏水	加至100mL（过滤后使用）
3. 血小板稀释液：	
尿素（维持渗透压）	10～13g
柠檬酸钠（防止血小板凝集）	0.5g
40%甲醛（防腐）	0.1mL
蒸馏水	加至 100mL

§实验10　血红蛋白含量的测定

一、目的

熟悉用比色法测定血红蛋白的方法。

二、原理

血红蛋白测定的方法有多种，最常用且最简单的是比色法。由于血红蛋白颜色随氧含量多少而改变，不利于比色，用稀盐酸与血红蛋白作用形成不易变色的棕色高铁血红蛋白，可与比色板比色，从而测得血红蛋白含量。通常以每100mL血液中含血红蛋白的克数来表示。

三、材料和设备

血红蛋白计（图3.5）、采血针、微量毛细吸血管、滴管、玻璃棒、75%酒精棉球、0.1mol/L盐酸、蒸馏水等。

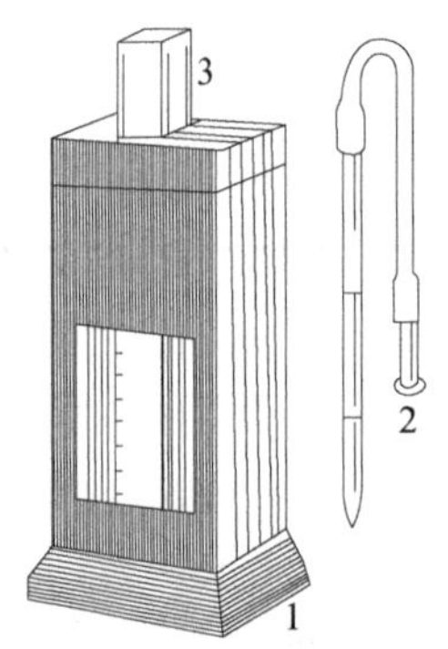

图3.5　血红蛋白计

1. 比色箱；2. 吸血管；3. 测定管

四、方法和步骤

（1）实验前先检查血红蛋白计和测定管是否清洁，如不清洁要洗涤干净，待干燥后方可开始实验。

（2）将0.1mol/L盐酸加入测定管中至刻度“2”或“10%”处。

（3）用酒精棉球消毒动物或人的采血部位后，以采血针刺破皮肤。用干棉球拭去第一滴血，待第二滴血流出一大滴时，用吸血管插入流出的血滴深处，吸取20μL血液。用干棉球揩净吸血管外周血液，将血液立即吹入测定管的0.1mol/L盐酸的底部。然后反复吸入并吹出上层盐酸，使吸血管壁上的血液全部进入测定管中。在进行吸吹时，要注意避免产生气泡。用玻璃棒将测定管中的盐酸与血液混合，放置10min。

（4）将测定管放入比色架中央的空格中，滴加蒸馏水到测定管中，每次加蒸馏水后，都要用玻璃棒搅匀，再插入比色箱中进行比色，直至与比色箱中的标准颜色相同为止。

（5）从比色箱中取出测定管，读出液体凹面的刻度。该管一般两边皆有刻度，其一边的刻度表示克数，如液体表面在刻度 15 处，即表示 100mL 血液中含有 15g 血红蛋白；其另一边的刻度，表示百分率，它与克数之间的关系，因不同的血红蛋白计型号而不同，可参照使用说明书。国产的沙里氏型血红蛋白计，通常 100%相当于 14.5g；如液体表面在刻度 70%处，要计算其绝对克数，可用下列比例求得：X：14.5=70：100，X=10.15g/100mL 血液。

（6）实验完毕，清理和洗净设备。

五、注意事项

（1）取血前要做好充分的消毒。

（2）血液要准确吸取 20μL，若有气泡或血液被吸入采血管的乳胶头中都应将吸管洗涤干净，重新吸血。洗涤方法是：先用清水将血迹洗去，然后再依次吸取蒸馏水、95%乙醇、乙醚洗涤采血管 1～2 次，使采血管内干净、干燥。

（3）血液和盐酸作用的时间不可少于 10min，否则血红蛋白不能充分转变成高铁血红蛋白，使结果偏低。

（4）加蒸馏水时，开始可以稍多加几滴，随后则不能过快，以防稀释过度。

（5）比色最好在自然光下（避免直射的阳光），而不应在黄色光下进行。比色时应将玻璃棒取出以免影响结果。

六、思考题

测定血红蛋白的实际意义是什么？影响血红蛋白含量的主要因素有哪些？

§实验 11 红细胞渗透脆性的测定

一、目的

学习测定红细胞渗透脆性的方法，理解细胞外液渗透张力对维持细胞正常形态与功能的重要性。

二、原理

正常的红细胞混悬于等渗的血浆中。若置于高渗溶液内，则红细胞失去内部液体而皱缩；置于低渗溶液内，则水分进入红细胞，使红细胞两面凹陷的圆盘形变为球形，如继续膨大，细胞膜发生破裂，血红蛋白逸出，即溶血。红细胞脆性实验就是测定红细胞对低于 0.9%NaCl 溶液的耐受能力。耐受力高者，红细胞不易破裂，即脆性低。反之，耐受力低者，红细胞易于破裂，即脆性高。凡上层液开始微呈淡红色，而极大部分红细胞下沉，称开始溶血或最小抗力。凡液体开始呈均匀红色，管底无红细胞下沉，则称开始完全溶血或最大抗力。各种有机溶剂、酸或碱也会使红细胞发生裂解，称化学性溶血。

三、材料和设备

家兔、试管、试管架、吸管、1%NaCl、0.1mol/L HCl 和 NaOH 溶液、乙醚、蒸馏水、抗凝剂。

四、方法和步骤

（1）将试管分别排列在试管架上，按下表把 1%NaCl 稀释成不同浓度的低渗溶液，每管均为 2mL。

试剂＼试管号	1	2	3	4	5	6	7	8	9	10
1% NaCl/mL	1.40	1.30	1.20	1.10	1.00	0.90	0.80	0.70	0.60	0.50
蒸馏水/mL	0.60	0.70	0.80	0.90	1.00	1.10	1.20	1.30	1.40	1.50
NaCl 浓度/%	0.70	0.65	0.60	0.55	0.50	0.45	0.40	0.35	0.30	0.25

（2）采血并在上列各管中加入大小相等的抗凝血 1 滴，轻轻摇匀后将试管在室温下静置 1h，从高浓度开始观察各管的溶血情况。也可用 5%红细胞悬液代替血滴。

（3）结果判断：上层浅黄、透明，下层有红色沉积物者为无溶血；上层液体开始微呈淡红色，而大部分红细胞下沉，表明红细胞开始溶血，称最小抗力（最高脆性）。凡液体开始呈均匀红色，管底无红细胞沉积，表明红细胞完全溶血，称最大抗力（最低脆性）。

（4）化学性溶血：在 4 支试管中加入 1mL 红细胞悬液，然后分别加入 1mL 0.9%NaCl 溶液、0.1mol/LHCl 溶液、0.1mol/L NaOH 溶液及 0.2mL 乙醚。半小时后观察各管的溶血情况。

五、注意事项

（1）配制不同浓度的 NaCl 溶液时应力求准确、无误。NaCl 溶液的浓度梯度可根据动物的实际情况适当进行调整。试管要编号。

（2）试管要干燥，加抗凝血的量要一致。混匀时，轻轻倾倒 1～2 次，减少机械振动，避免人为溶血。

六、思考题

1. 为什么在科学实验或临床上需用多种浓度的 NaCl 溶液？
2. 渗透性溶血与化学性溶血的机制有何不同？
3. 如何判断溶血程度？
4. 根据结果分析血浆晶体渗透压保持相对稳定的生理学意义。

§实验 12　红细胞沉降率的测定

一、目的

学习和掌握测定红细胞沉降的方法。

二、原理

红细胞在循环血液中具有悬浮稳定性，但在血沉管中，会因重力逐渐下沉。通常以 1h 红细胞下降的距离作为沉降率的指标，简称为血沉。血浆中的某些特性能改变红细胞的沉降率，动物的疫病可以引起红细胞沉降率的改变，故测定红细胞沉降率具有临床诊断价值。

三、材料和设备

血沉管、血沉管架、注射器、碘酊棉球、75%酒精棉球、3.8%柠檬酸钠溶液、小试管。

四、方法和步骤

（1）将实验动物固定。如用牛、马、羊采血，则剪去颈静脉附近的毛，用碘酊消毒，然后用注射器采静脉血，放入预先加有 3.8%柠檬酸钠溶液的试管中（抗凝剂与血液之比为 1∶4），充分混匀。如用兔采血，则直接采其心血。

（2）用清洁、干燥的血沉管吸血至最高刻度“0”处，不得有气泡。将吸有血液的血沉管垂直置于血沉管架（图 3.6）上，在 1h 后读取血沉管上部血浆的高度，以毫米表示。

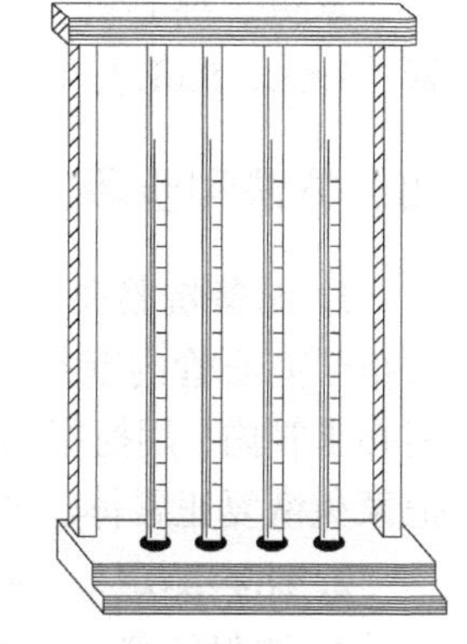

图 3.6　血沉降台

五、注意事项

（1）血沉管放置要垂直，不得有气泡和漏血。

（2）沉降率随温度的升高而加快，故在室温 18～25℃时测定为宜。

（3）血沉管必须清洁，吸取血液时避免产生气泡。

六、思考题

1. 为何红细胞有悬浮稳定性？引起红细胞沉降的原理是什么？
2. 如何证实影响血沉的主要因素是血浆而不是红细胞？
3. 红细胞沉降率主要与哪些因素有关？

§ 实验 13　血量的测定

一、目的

学习用染料稀释法测定动物血液总量的原理和方法。

二、原理

将一定量的无害染料（常用伊文思蓝，又称 T-1824）静脉注射，待染料在血液中混匀后采取血样，测定染料被血液稀释的倍数，计算出血浆容量，再根据红细胞比容推算出血液总量。

三、材料和设备

家兔、离心机、分光光度计、注射器、刻度离心管、温氏分血管、滴管、移液管（1mL、5mL）、0.5%T-1824 溶液、生理盐水、草酸盐抗凝剂。

四、方法和步骤

1. 制备抗凝血　在标以Ⅰ、Ⅱ两管内各加入草酸盐抗凝剂 0.6mL，使其均匀涂布于离心管内壁并烘干备用。将兔背位固定，从心脏取血 6mL，沿管壁缓缓放入离心Ⅰ管内，用拇指堵住管口，轻轻地将管倒转 2～3 次，使血液与抗凝剂充分混匀。把家兔恢复正常体位并限制其活动。

2. 比容测定　按实验 8 的方法进行。

3. 注射染料　经耳缘静脉注入 0.5%T-1824 溶液 1mL，10min 后从心脏采血 3mL，放入Ⅱ管中并与抗凝剂充分混合。

4. 离心取血浆　将Ⅰ、Ⅱ两管 3000r/min 离心 30min 后，将上层血浆吸出，分别放入标明Ⅰ和Ⅱ的两个小试管内。

5. 比色

（1）配制标准液：Ⅰ管血浆 1mL＋生理盐水 5mL＋稀释的 T-1824 溶液 1mL 放入比色杯内。稀释的 T-1824 溶液，即 0.5%T-1824 溶液用生理盐水稀释 50 倍。

（2）配制测定液：Ⅱ管血浆 1mL＋生理盐水 6mL 放入比色杯内。

（3）配制对照液：Ⅰ管血浆 1mL＋生理盐水 6mL 放入比色杯内。

（4）用分光光度计测定波长 620～624nm 处的吸光度（OD）。先用对照液定零点，再分别测定标准液和测定液的 OD 值。

6. 计算

$$\text{血浆容量}=\frac{\text{标准液的OD值}\times 50\times \text{T-1824注入量}}{\text{测定液的OD值}}$$

$$\text{血液总量}=\frac{100}{100-\text{红细胞比容}}\times \text{血浆容量}$$

根据家兔体重求出血液总量占兔体重的百分数。

五、注意事项

（1）比色时最好用 721 型或更精确的分光光度计。

（2）注射的 T-1824 溶液的量要准确。

六、思考题

血量恒定的生理意义是什么？机体如何维持正常的血量？

§实验 14 白细胞分类

一、目的

熟悉血液涂片的制作和染色技术，并了解白细胞的结构及其分类方法。

二、原理

血涂片经复合染色后，根据细胞的染色特性、颗粒有无、细胞核形态及细胞质多少等特点区分各类白细胞。血片复合染色剂由罗曼诺夫斯基（Romanovsky）创制，运用伊红和亚甲蓝两种溶液混合而成。现用的瑞氏（Wright）、姬姆萨（Giemsa）等染色剂均由罗氏染色剂改良而成。瑞氏和姬姆萨染色剂基本染料是伊红和亚甲蓝，为了增强其水溶性，所用者为其中性盐。其染色原理如下：复合染料是由碱性亚甲蓝与酸性伊红钠盐混合而成的染色粉，当溶于甲醇后即发生解离，分成酸性染料和碱性染料两种。染色时，红细胞被染成粉红色或橙红色，粒细胞中的嗜酸性物质即与酸性染料伊红结合而染成红色（嗜酸颗粒）；粒细胞中的嗜碱性物质即与碱性染料亚甲蓝结合而染成蓝色（嗜碱颗粒）；而粒细胞中颗粒物质则同时吸附酸、碱两种染料，染成红蓝混合的紫红色。

三、材料和设备

采血针、载玻片、棉球、酒精棉球、75%乙醇、甲醇、瑞氏染液、姬姆萨染液、蒸馏水。

四、方法和步骤

（一）采血和涂片

（1）主试者用手指按摩被试者的耳垂或无名指指尖，以加速局部血流，用 75%酒精棉球消毒该处，待乙醇挥发后用消毒针刺破皮肤，深约 3mm。血液流出后，用消毒干棉球抹去第一滴血，然后用光洁玻片的一端，在穿刺处接触米粒样大小血液一滴（勿触及皮肤）；用小鼠实验时，剪去尾尖，待血液自动流出，取血液一小滴。抗凝血需防止血液分层，取血液一小滴滴于玻片上即可。

（2）另取边缘光滑平整的玻片为推片（最好磨去两角）放在血滴前方，然后稍向后拉，并向左右移动，使血滴由于推片移动作用形成一线，粘着推片边缘，再以与玻片成 20°～45°角由一端向另一端平稳地向前推动，直至血液推尽为止。角度大小可以控制血片之厚薄，推动时用力要均匀（图 3.7）。血液涂片制成后，立即在空气中挥动，使之迅速干燥。

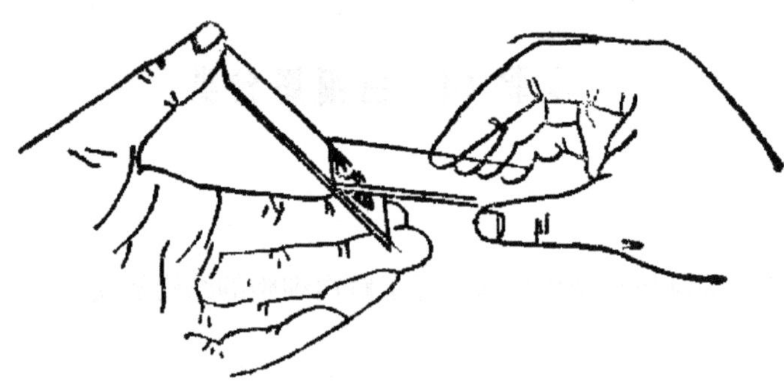

图 3.7　血涂片制作

（二）血片染色法

1. 瑞氏染色

（1）先将血片一端用铅笔注明编号，并将血片置于染色架上。

（2）滴加瑞氏染液 3～5 滴盖满整张血膜。

（3）约 1min 后加 2～3 倍蒸馏水，小心摆动玻片使染料充分混合。

（4）2～5min 后用水冲洗。

（5）将血片直立空气中干燥，或用吸水纸小心吸干。

2. 姬姆萨染色

（1）血片一端用铅笔注明编号后用甲醇固定 2min。

（2）将血片移置于染色架上，用新鲜配制的染色液盖满整张血膜，染色 15～30min。

（3）用水冲洗，干燥后镜检。

（三）血片镜检

先用低倍镜观察血片，然后用油镜按一定顺序观察红细胞、白细胞（中性粒细胞，嗜碱粒细胞，淋巴细胞，嗜酸粒细胞）的形态结构，在熟悉细胞结构的基础上可计数 100 个白细胞，计算出各种白细胞所占的比例。

五、注意事项

血涂片推片时一定要连续、确保涂片厚薄均匀。

六、思考题

1. 各类白细胞如何鉴别?
2. 各类白细胞有何生理功能?
3. 哪些因素可引起白细胞数量发生变化?

§实验 15 白细胞的机能

一、目的

观察白细胞的运动和吞噬功能。

二、原理

动物体内的巨噬细胞、单核细胞和中性粒细胞等具有变形运动和吞噬功能，它们广泛分布在组织和血液中，共同防御微生物的入侵、清除衰老和死亡细胞等。当机体受到异物侵入时，吞噬细胞由于具有趋化性，便向异物处聚集，异物被吸附在细胞表面并被细胞伸出的伪足包围，随后发生内吞作用形成吞噬体，通过溶酶体将异物消化分解。

三、材料和设备

蛙或蟾蜍、小鼠、显微镜、注射器、凹槽载玻片、盖玻片、移液管、棉球、林格液、墨汁、6%淀粉肉汤（含 0.3%台盼蓝）、中华墨汁（林格液研磨）、1%鸡红细胞悬液。

四、方法和步骤

1. 白细胞的变形运动　在蟾蜍躯体的一侧皮肤剪开一个小口，将吸管通过皮肤的切口插入皮下淋巴囊（如后背部的后淋巴囊）并吸取淋巴液，然后将淋巴液滴于盖玻片上，再将盖玻片翻转置于载玻片的凹槽中，使淋巴液形成悬滴。将载玻片置于显微镜下进行观察，可以看到淋巴液中白细胞缓慢的变形运动。用灯泡略微加热悬滴，可使其中的白细胞的变形运动明显加快。

2. 白细胞的吞噬运动

方法（1）：在进行实验的前 1 天向蟾蜍背部淋巴囊注入林格液稀释的墨汁 0.5mL。在第 2 天用注射器从蟾蜍或蛙的淋巴囊中抽出一些淋巴液，滴一小滴于载玻片上，然后将此载玻片放在显微镜观察。在高倍镜下，可见许多颜色很浅、圆形或形态不规则的游离的白细胞，有时可能带有少量的浅红色椭圆形的红细胞。在部分白细胞中可以看到吞噬进的黑色墨汁小颗粒，这种小颗粒可随细胞的变形运动而运动。有的白细胞正在吞噬墨汁颗粒，做变形运动。将此淋巴液涂片经甲醇固定，亚甲蓝染色，白细胞内的吞噬染料颗粒会更明显。

方法（2）：实验前 2 天，每天给小鼠腹腔注射含台盼蓝的 6%淀粉肉汤 1mL，以诱导腹腔内产生较多的巨噬细胞。实验时取 1 只处理过的小鼠，腹腔注射 1%鸡红细胞悬液 1mL，轻揉小鼠腹部，使悬液分散。25min 后，用颈椎脱臼法处死小鼠，迅速剖开腹腔，用未装针头的注射器贴腹腔背壁处抽取腹腔液滴于载片上，制成临时装片镜检。将光线调暗，高倍镜下可看到许多体积较大的圆形或形态不规则的巨噬细胞，胞质中含有数量不等的蓝色颗粒，即含台盼蓝的淀粉肉汤所形成的吞噬泡。鸡的红细胞有核，呈椭圆形。变换视野，可看到巨噬细胞吞噬鸡红细胞过程中的不同阶段情况。有的鸡红细胞紧贴附于巨噬细胞表面，有的红细胞部分或全部被巨噬细胞吞入，形成吞噬泡。有的巨噬细胞内的吞噬泡已与溶酶体融合，正在被消化（图 3.8）。

五、思考题

1. 绘制小鼠巨噬细胞吞噬鸡红细胞的过程图。
2. 白细胞变形运动和吞噬作用的生理意义是什么？

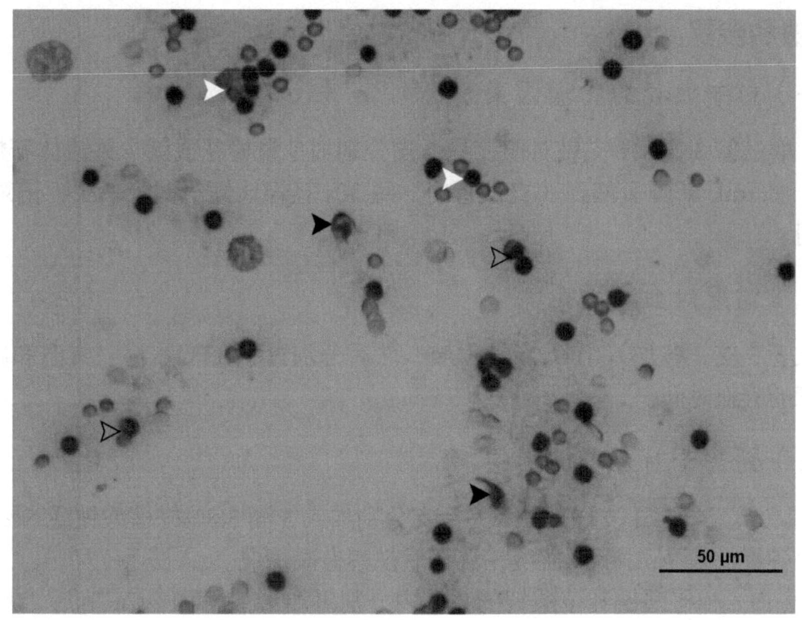

图 3.8　巨噬细胞吞噬鸡红细胞现象

实心箭头表示鸡红细胞全部被巨噬细胞吞噬；空心箭头代表巨噬细胞部分吞噬鸡红细胞；白色箭头表示鸡红细胞紧贴附于巨噬细胞表面

§实验 16　血液凝固

一、目的

了解血液凝固的基本过程及加速或延缓血液凝固的一些因素。

二、原理

血液流出血管后，迅速发生凝固。血液凝固是由多种凝血因子参与的一系列酶促反应的级联反应，大致可分为三个主要步骤，即：凝血酶原激活物的形成、凝血酶原激活物催化凝血酶原转变为凝血酶、凝血酶催化纤维蛋白原转变为纤维蛋白，并由纤维蛋白聚合成血凝块。这三个步骤都需要 Ca^{2+}的参与。

三、材料和设备

试管、试管架、吸管、秒表、3.8%柠檬酸钠、新鲜血、1%氯化钙、5%草酸钾、烧杯、酒精灯、肝素、液体石蜡、冰瓶、温度计、带有开叉橡皮管的玻璃棒等。

四、方法和步骤

（一）影响血凝的物理因素

（1）取试管 3 支，1 支做对照，另 2 支分别加少量棉花或涂少许液体石蜡。

（2）加 1mL 新鲜血液到 3 支试管内，每 30s 轻轻地倾斜试管一次，记录各管的凝血时间。

（二）温度对血凝的影响

取试管 3 支，各加入 1mL 新鲜血液，然后分别置于 37℃水浴、常温和冰水中，比较 3 管的凝血时间。

（三）钙离子对血凝的影响

（1）取试管 3 支，1 支做对照，另 2 支分别加入 3 滴 3.8%柠檬酸钠或 5%草酸钾，然后再向各管加入 1mL 新鲜血液，混合后观察血凝情况。

（2）往加入柠檬酸钠和草酸钾的 2 管内分别再加 1～2 滴 1%$CaCl_2$后，观察结果。

（四）肝素的作用

取 1 支试管放入 8U 肝素，再加入 1mL 新鲜血液，摇匀后，观察结果。

（五）纤维蛋白的作用

取 50mL 新鲜血液放入烧杯中，用带有开叉橡皮管的玻璃棒搅动，以除去其中的纤维蛋白，观察血液能否凝固。

五、思考题

1. 血液凝固包括哪些过程？为什么正常动物血管内血液不易凝固？
2. 实验中各种因素能够加速或延缓血液凝固的原因是什么？

§实验 17　ABO 血型鉴定和交叉配血

一、目的

了解红细胞凝集现象，掌握血型的测定方法。

二、原理

红细胞膜上含有凝集原，血浆内含有凝集素。当相应的凝集原和凝集素相互作用时，就产生红细胞的凝集。不同种动物的血液互相混合有时也可产生红细胞凝集，称异族血细胞凝集作用；同种不同个体间的红细胞凝集，称同族血细胞凝集作用。

三、材料和设备

载玻片、玻璃棒、采血针、酒精棉球、显微镜、标准血清、动物血。

四、方法和步骤

1. 异族血细胞凝集现象 将某一动物的血清分两处滴于载玻片上，然后将其他动物的血液各 1 滴分别加入上述血清内，轻轻摇动载玻片（或用牙签搅动），使血液与血清充分混合，静置 5～10min，在显微镜下（或肉眼）观察是否产生凝集。

2. 同族血细胞凝集现象 将某一动物的血清滴于载玻片上，然后加入同种不同个体的血液，并使其混合均匀，按上述方法观察是否有凝集现象产生。

3. ABO 血型鉴定（图 3.9） 以人血实验较为方便。

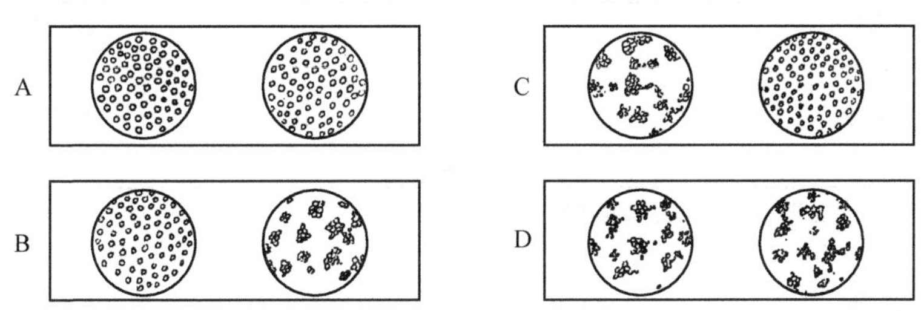

图 3.9 红细胞凝集实验

A. O 型；B. A 型；C. B 型；D. AB 型

每张载玻片的左侧为 A 型（抗 B）标准血清，右侧为 B 型（抗 A）标准血清

1）红细胞悬液的制备 取受检人血液 1 滴，加入装有约 1mL 生理盐水的小试管内，摇匀后，即为约 2%的红细胞悬液。

2）玻片法鉴定血型

（1）取一双凹载玻片，用蜡笔在左上角和右上角分别写上“A”字和“B”字作为标记，双凹之间写受检者的号码或姓名。

（2）各用小滴管分别吸取 A 型标准血清及 B 型标准血清，滴 1 滴于已标记 A 和 B 字样的相应凹陷处，切勿混用滴管。

（3）每个凹载玻片的血清内再加入 1 滴受检者的红细胞悬液（勿使滴管尖端触及血清）。

（4）用细玻璃棒的一端混合 A 型血清与红细胞悬液，用另一端混合 B 型血清与红细胞悬液。然后置室温下 10～15min 后在低倍镜下观察有无凝集现象，即可鉴定血型。

4. 交叉配血实验 血型鉴定后的交叉配血实验是输血和组织血源的必需步骤。

配血实验主要用来检测受血者血清中有无与供血者红细胞抗原相对应的抗体，这是配血的主侧；同时对于供者血清中有无与受血者红细胞抗原相对应的抗体也应给予注意，这是配血的次侧，两者合称交叉配血。交叉配血后，观察有无凝集现象，同时也可进一步鉴定所测血型是否正确。

（1）制备受血者和供血者的2%红细胞悬液和血清。无菌取静脉血2mL，其中1滴加入1mL生理盐水中，制成红细胞悬液，其余待血液凝固后离心制备血清。

（2）取一玻片，在其两侧分别写上“主”“次”，在主侧滴加受血者的血清和供者的红细胞悬液各1滴，于次侧滴加受血者红细胞悬液和供血者血清各1滴，室温下15min后于显微镜下观察有无凝集及溶血现象。

（3）结果判断：见表3.1。

表3.1 交叉配血反应结果判定

主侧实验	次侧实验	结果判定
阴性	阴性	可以输
阴性	阳性	少量输
阳性	阴性	不能输
阳性	阳性	禁止输

注：阴性，无凝集现象；阳性，发生凝集现象

五、注意事项

（1）凝集反应的强度因受检者抗体效价而异，在肉眼难以判定时应借助显微镜进行观察。

（2）红细胞悬液和血清应新鲜且无污染，以防出现假凝集现象。

（3）操作过程中应严格分离各种用具，以防出现混用导致污染。

（4）判断红细胞凝集要有充足的时间，室温过低时可置于37℃培养箱中。

六、思考题

1. ABO血型的原理是什么？

第四章 血 液 循 环

§实验 18 蛙心起搏点分析

一、目的

用结扎法观察蛙心起搏点和心脏传导系统不同部位自律性的高低及兴奋传导方向。

二、原理

蛙心特殊传导系统各部分都具有自律性，其中以静脉窦（哺乳动物为窦房结）的自律性最高，房室交界次之，心室内的传导组织最低。故静脉窦为蛙心兴奋和搏动的正常起搏点。静脉窦的兴奋沿心房传至房室交界，再经房室束和浦金野氏纤维传至心肌。如在不同部位阻断传导，则出现正常收缩节律的障碍。

三、材料和设备

蛙或蟾蜍、蛙类手术器械、蛙心夹、滴管、丝线、秒表、林格液。

四、方法和步骤

破坏蛙的脑和脊髓，使之背位固定于蛙板上。剪去胸部皮肤、肌肉和胸骨，完全暴露心脏。剪开心包膜观察蛙心结构（图 4.1）。用蛙心夹夹住心尖，进行下列实验项目。

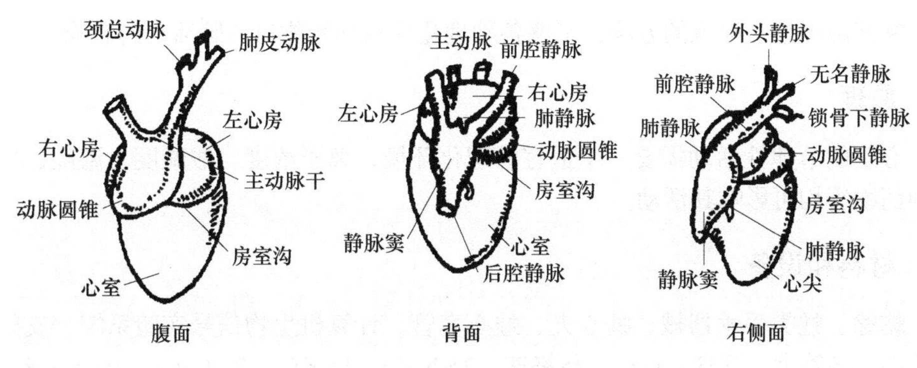

图 4.1 蟾蜍心脏外形

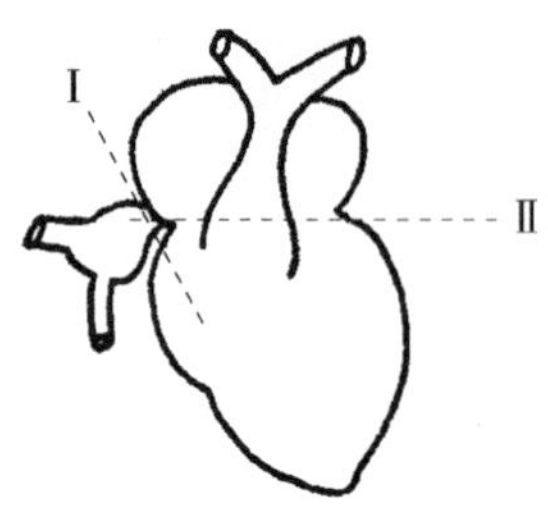

图 4.2 斯氏结扎部位
I. 第一结扎；II. 第二结扎

（1）将蛙心翻向头端或提起心尖，观察蛙心各部的收缩顺序，并计算其收缩频率。

（2）在主动脉之下穿线，将心脏翻向头端，用此线在心房和静脉窦之间结扎，此结扎称为斯氏第一结扎。结扎后心房、心室搏动暂时停止，但静脉窦仍搏动。待心房和心室再出现搏动，分别计数静脉窦、心房和心室的搏动频率。

（3）用线在心房和心室之间结扎，此结扎称为斯氏第二结扎（图 4.2）。此时心室搏动暂时停止，但心房和静脉窦仍然搏动。待心室出现搏动后，记录三者的搏动频率。

五、注意事项

（1）经常用林格液润湿心脏，避免其干燥。

（2）如蛙心活动减弱时，可先在温林格液中浸泡数分钟。

六、思考题

1. 分析蛙心兴奋的正常起搏点及传导方向，各部自律性的高低。

2. 何谓斯氏第一结扎和斯氏第二结扎？蛙心进行第一结扎之后为何出现较长时间的停搏？两次斯氏结扎之后，静脉窦、心房和心室搏动频率有何不同，为什么？

3. 可采用哪些方法来分析蛙心起搏点？

§ 实验 19　离体蛙心灌流

一、目的

掌握离体蛙心灌流的方法，了解各种理化因素和药物对心脏活动的影响。

二、原理

心脏的节律性活动需要一个适宜的理化环境，离子浓度、酸碱度、温度，以及多种药物等均可影响其活动。

三、材料和设备

蟾蜍、蛙类手术器械、蛙心夹、蛙心套管、计算机生物信号实验系统、支架、双凹夹、试管夹、滴管、丝线、林格液、2%NaCl、1%KCl、2%$CaCl_2$、0.01%肾上腺素、0.01%乙酰胆碱、0.5%HCl、2.5%$NaHCO_3$。

四、方法和步骤

1. 制备离体蛙心 破坏蟾蜍的脑和脊髓，使之背位固定于蛙板上，暴露心脏。先结扎前、后腔静脉（注意勿伤及静脉窦），再结扎主动脉干左侧分支，然后在右侧分支下穿一线备用。在主动脉根部剪一斜口，将盛有林格液的蛙心套管尖嘴由此口插入，通过房室孔插入心室（图 4.3D）。如套管已插入心室，可见血液由心室射入套管，即可用准备好的线将主动脉结扎在蛙心套管尖嘴上，并固定于套管的小钩上，以免套管滑脱；并迅速吸尽心室中血液，更换为林格液。最后将套管连同心脏一起提起，在结扎线的下方剪断与心脏连接的动、静脉及组织，注意保留静脉窦。

2. 仪器连接 将带有蛙心的套管固定在支架上（图 4.3E），用蛙心夹连接心尖和张力传感器，张力传感器的输入端接入计算机生物信号实验系统，适当调节连接张力传感器的线的距离和紧张度。调节放大倍数，进行下列实验项目：

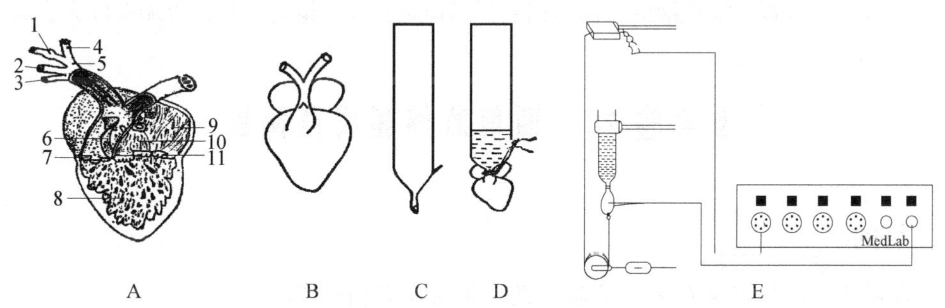

图 4.3 蛙心套管的插入及实验装置

A. 蛙心纵剖面；B. 示主动脉上剪的切口；C. 斯氏蛙心套管；D. 套管插入心室示意；E. 蛙心活动记录实验装置

1. 颈动脉球；2. 大动脉；3. 肺皮动脉；4. 舌动脉；5. 颈动脉；6. 螺旋瓣；7. 半月瓣；8. 心室；9. 左心房；10. 右心房；11. 三尖瓣

（1）描记一段蛙心正常收缩曲线。

（2）向套管中加入 2%NaCl 数滴，并与管中林格液混匀，观察蛙心的活动。待变化明显时迅速吸出管内溶液，并以林格液反复冲洗数次。当蛙心活动恢复正常后，再进行下一项实验（以下各项皆同此）。

（3）向套管中加入 1%KCl 1～2 滴，观察蛙心活动的变化。

（4）向套管中加入 2%$CaCl_2$ 1～2 滴，观察蛙心活动的变化。

（5）向套管中加入 0.5%HCl 1～2 滴，观察蛙心活动的变化。

（6）向套管中加入 2.5%$NaHCO_3$1～2 滴，观察蛙心活动的变化。

（7）向套管中加入 0.01%肾上腺素 1～2 滴，观察蛙心活动的变化。

（8）向套管中加入 0.01%乙酰胆碱 1～2 滴，观察蛙心活动的变化。

（9）向套管中换入 4℃林格液，观察蛙心活动的变化。

（10）向套管中换入 37℃林格液，观察蛙心活动的变化。

五、注意事项

（1）对离体蛙心表面经常用林格液冲洗。

（2）套管插入心脏时要小心，逐渐试探，不宜过深，以免损伤心肌。

（3）实验中套管内林格液的液面应力求保持同一高度。

六、思考题

1. 为何常用离体蛙心而不用离体哺乳动物心脏做本实验?
2. 离体蛙心为何会有节律性跳动?
3. 分析每一实验步骤所引发的实验现象的原因。
4. 高钙林格液和肾上腺素引起蛙心活动变化有何异同点，为什么?
5. 在实验过程中灌流液的液面为何要保持恒定? 灌流量对心肌的收缩有什么影响?

§实验 20　期前收缩和代偿间歇

一、目的

掌握蛙心收缩记录方法，了解心肌的期前收缩和代偿间歇。

二、原理

心肌具有相当长的有效不应期，占据了整个收缩期和部分舒张期；故在收缩期间不能接受任何刺激而出现新的兴奋和收缩。而心肌的舒张期（不包括舒张期的早期）则处于相对不应期；该期中能接受阈上刺激，并出现一个期前收缩。期前收缩后随之出现一个较长的代偿间歇。代偿间歇的出现是由于期前收缩也有绝对不应期，从窦房结（两栖类动物为静脉窦）传来的正常节律性兴奋常落在期前收缩的绝对不应期中，也不能引起心脏收缩。要等下一个正常节律性兴奋传来，才能引起心脏收缩。这样，在期前收缩后就会有一个较长时间的舒张期，即为代偿间歇（图 4.4）。

三、材料和设备

蛙或蟾蜍、蛙类手术器械、计算机生物信号实验系统、蛙心夹、支架、双凹夹、滴管、丝线、林格液。

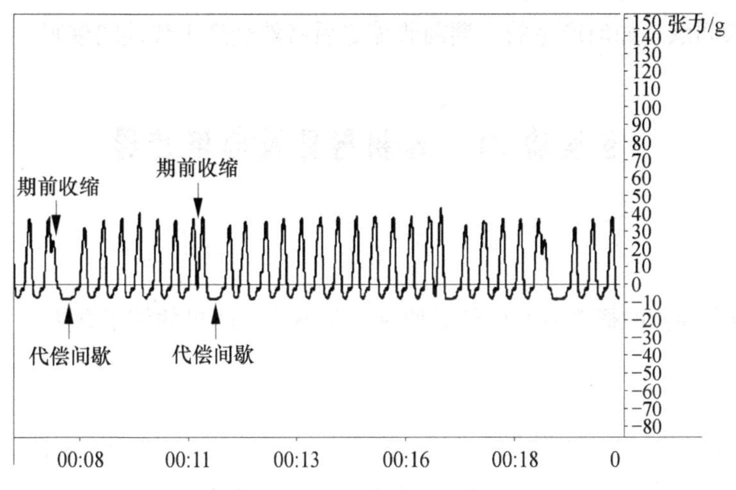

图 4.4　期前收缩与代偿间歇

四、方法和步骤

（1）动物和设备（图 4.5）的准备：破坏蛙的脑和脊髓，使之背位固定于蛙板上，剪开胸部皮肤、肌肉和胸骨，完全暴露心脏。用蛙心夹连接心尖和张力传感器，张力传感器的输入端接入计算机生物信号实验系统的相应通道，适当调节连接张力传感器的线的距离和紧张度；刺激电极接触心室；刺激参数选单刺激、波宽 1ms、强度增加达到阈值；调节放大倍数。

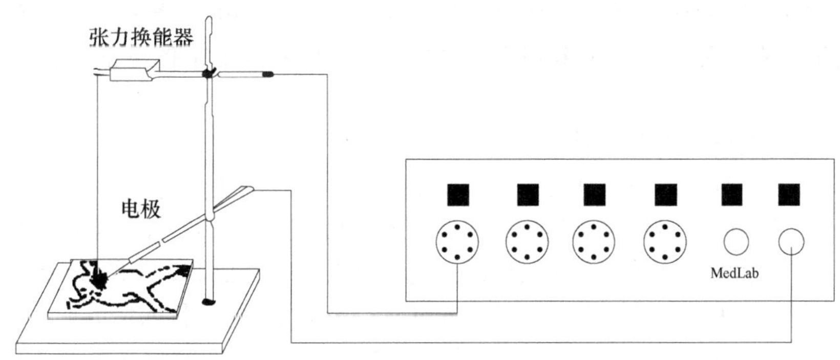

图 4.5　记录蛙心收缩的装置

（2）记一段正常蛙心收缩曲线。

（3）在心室收缩期给予一个阈上刺激，记录其反应。

（4）在心脏舒张早期、中期、晚期各给予一次阈上刺激并记录其反应。

五、思考题

1. 何谓期前收缩和代偿间歇？心肌有较长的有效不应期有何生理意义？

2. 代偿间歇是如何产生的，期前收缩之后必然会产生代偿间歇吗?

§实验 21　容积导体及心电传导

一、目的

了解容积导体的概念及心电传导原理，学习心电图机的使用方法。

二、原理

体液有导电能力，因此机体成为容积导体。心电的变化可传到体表，把心电图机探测电极置于体表不同部位，都能纪录到心电的变化。改变探测电极的位置，可改变心电的波形和方向。

三、材料和设备

蛙、心电图机、心电示波器或计算机生物信号实验系统、蛙类手术器械、培养皿、鳄鱼夹、林格液。

四、方法和步骤

破坏蛙的脑和脊髓，使之背位固定于蛙板上，打开胸腔，暴露心脏。将心电记录设备的导联线通过鳄鱼夹和蛙的四肢相连，用标准Ⅱ导联观察实验项目（图 4.6A）:

（1）观察蛙正常心电波形。

（2）剪开心包膜连同静脉窦一起剪除心脏，再观察有无心电波形?

（3）将蛙心再放回胸腔，使心尖朝上，观察有无心电波形? 波形方向有何改变?

（4）模拟标准Ⅱ导联，将导联线通过鳄鱼夹夹在培养皿四边（图 4.6B），并接触其中的林格液，观察有无心电波形（图 4.6C）。再将离体蛙心移入培养皿内，心尖朝下，观察有无心电波形，波形方向如何? 再将心尖改朝上，波形又有何改变? 上述结果说明什么问题?

【附】

心电图机的使用方法：心电图机有不同的规格和型号，但其结构原理和使用方法大致相同，其简要使用方法如下。

1. 放置电极板　电极板或针状电极都是探测电极。实验前在动物四肢放置电极板位置剪毛，用酒精棉球对皮肤部脱脂，再涂以导电糊，最后将电极板紧束于该处皮肤上，如使用针状电极则将电极刺入该部皮下。

2. 导联线及其连接 心电图机的导联线有不同颜色，一般规定红色接右前肢，黄色接左前肢，蓝或绿色接左后肢，黑色接右后肢（接地），白色接胸电极。但不同心电图机的规定并不完全一致，故在连接导联线时，应按所用心电图机的规定连接。

3. 导联选择开关 一般分 8 挡，即 0、Ⅰ、Ⅱ、Ⅲ、aVR、aVL、aVF、V。开关在 0 时，无信号输入。开关转向以后各挡时，分别选择三个标准导联，三个加压单极肢体导联和胸导联。可选任一导联描记心电图，但每次用机后应将此开关拨回 0 挡。

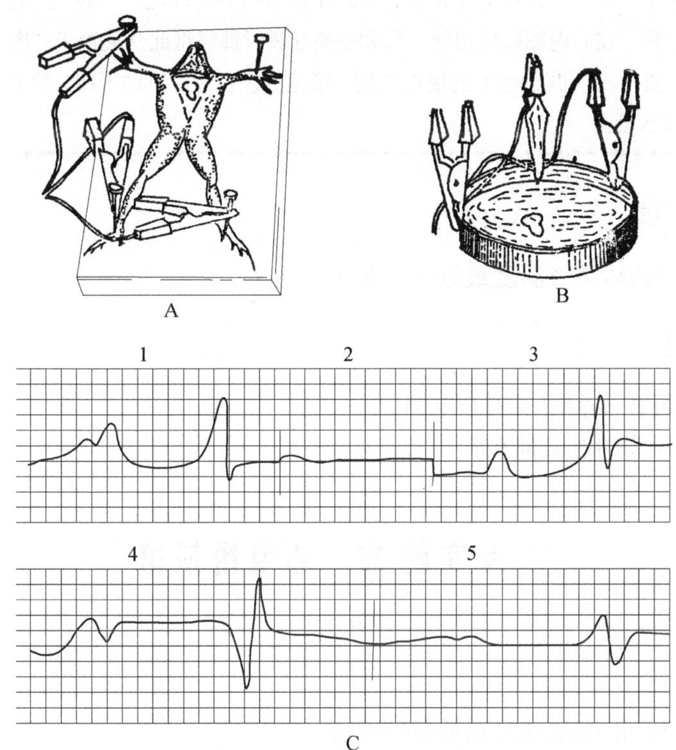

图 4.6 蛙心电及离体蛙心容积导体心电描记

A. 蛙心电引导法；B. 心电容积导体引导法；C. 离体蛙心容积导体心电图

1. 正常波型；2. 剪去心脏；3. 将心脏放回胸腔原位；4. 倒置心脏；5. 将心脏置于玻皿任氏液中

4. 定标电压 又称作标准电压按钮。按压此钮可得到 1mV 的标准电压，其振幅为 10mm，以此作为描笔振幅的标准。此时，在心电图纸上描笔每升高或降低一个小格（1mm），表示 0.1mV。

5. 增益（灵敏度）调节旋钮 此钮作为调节放大倍数之用，一般顺时针旋转为增加。实验前将增益调至 1mV 为 10 小格。

6. 衰减开关 可调节灵敏度，分“1”和“1/2”两挡。一般使用 1 挡，如使用 1/2 挡，可使灵敏度减小一半。

7. 走纸速度开关 调节走纸速度，分 25mm/s 和 50mm/s 两挡。一般使用 25mm/s 挡，此时在心电图纸上描笔每走一小格，时间为 0.04 s。

8. 基线调节旋钮　调节心电图基线水平，一般将描笔调至心电图纸的中间位置。

9. 热笔温度调节旋钮　心电图机的专用描笔为热笔，此旋钮调节热笔的温度。顺时针旋转此钮，使热笔温度升高。

10. 记录开关　分“准备”、“观察”和“记录”三挡。在“准备”挡时，放大器输入封闭，热笔不工作。转至“观察”挡时放大器工作，热笔电源接通；如此时已连接好导联，可见热笔随心率上下移动；但此时不走纸，所以不能进行心电描记。当转至“记录”挡时，开始走纸纪录。注意，在心电图机使用前、后和变换导联时都需将此开关置于“准备”挡。

11. 地线插孔　供心电图机接地之用。接地必须良好，以防干扰。注意：地线不要接到暖气片或自来水管上。

五、注意事项

培养皿中的林格液温度最好保持在 30℃左右。

六、思考题

1. 为何可在体表记录到心电图?
2. 标准导联的意义何在?

§实验 22　心电图描记

一、目的

了解正常心电图的波形和分析的方法。

二、原理

在一个心动周期中，由窦房结发出的兴奋，按一定途径和时程，依次传向心房和心室，引起整个心脏的兴奋。心脏各部分兴奋过程中的电变化及其时间顺序、方向和途径等都有一定规律，这些电变化通过心脏周围的导电组织和体液传导到体表，将测量电极放置在人或动物体表面的一定部位引导和记录到的心脏电变化曲线，就是临床上常规记录的心电图。心电图对心脏起搏点、传导功能的判断和分析，以及心率失常、房室肥大、心肌损伤的诊断具有重要价值。

三、材料和设备

人或实验动物（蛙、兔、鸡）、心电图机或计算机生物信号实验系统、固定架或手术台、毛剪、普通镊、针状电极、导电糊（500mL 饱和盐水+20g 甘油）、酒精棉球、分规。

四、方法和步骤

1. 动物准备及导联连接 本实验动物以不麻醉为宜。

如测定人时，受试者仰卧、安静、放松，手、脚腕部用酒精棉球脱脂，涂以导电糊，并固定电极板。按实验 21 中所述的“心电图机的使用方法”，记录心电图。

如测定站立动物，固定时脚下垫以橡皮布以绝缘。在前肢系关节和后肢附关节周围剪毛，用酒精棉球脱脂，涂以导电糊，并固定电极板，或将针状电极刺入皮下；电极连接仿照人的导联连接方式，记录心电图。

测定兔心电图时将兔仰卧固定在手术台上，或取自然俯卧姿势，减少动物挣扎，电极连接仿照人的导联连接方式，记录心电图（图 4.7）。

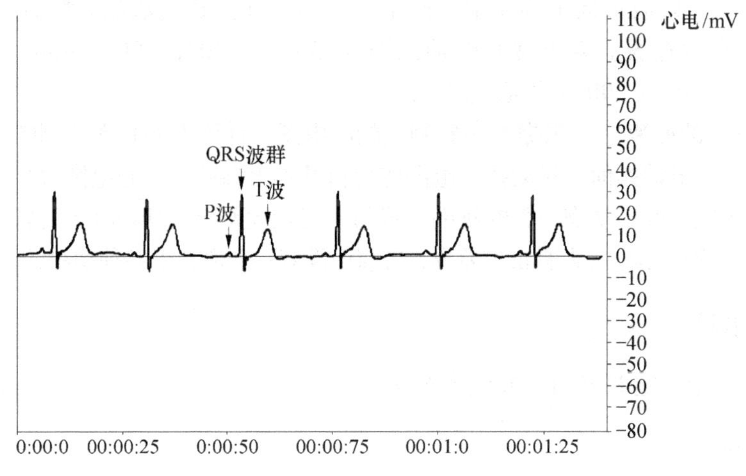

图 4.7 家兔心电图

测定蛙时，导联线连接同实验 21。

测定鸡时，可固定于手术台上，也可由实验者戴绝缘手套后用手轻轻固定。可选标准导联和加压单极肢体导联，放置电极部位在左右翅基部、左右后肢膝关节内侧，相当于人的左右手、脚腕部；也可选 A-B 导联，A 点位于胸骨脊末端，接心电图机黄线电极，B 点位于锁骨结合点，接心电图机红线电极，用标准 I 导联描记。动物安静后即可记录心电图。

2. 心电图的初步分析 用不同导联纪录的心电图各不相同，但它们都有 P、Q、R、S、T 五个基本波形。初学者应先识别这五个波形，然后分析各波的方向、形状，计算各波的电压（振幅）、经历时间及各波之间的间期。计算振幅时量从基线（等电位线）开始到波峰顶端的距离，每小格代表 0.1mV。计算各波经历时间是从各波开始到终止之间的距离，每小格为 0.04s。分析上述数据的基础上进一步分析心率、心律和心电轴。

3. 心率的计算 量出 P 波开始至下一 P 波开始所经历的时间，除以 60 s，即得心率。公式是：心率=60/（P-P 间期）（次/min）。如相邻的 P-P 间期不等，可取 5 个相邻的 P-P 间期的平均值计算。

4. 心律的确定 确定心律可判定心脏的起搏点在何部位。正常情况下窦房结是哺乳类的正常起搏点，这时的心律称为窦性心律。在异常情况下房室结可能是心脏活动的起搏点，这时的心律称为结性心律。在人医中，对窦性心律和结性心律的判定标准如下：

窦性心律　在Ⅰ，Ⅱ导联中 P 波正向，在 aVR 导联中 P 波负向，P-R 间期>QRS。

结性心律　在Ⅰ，Ⅱ导联中 P 波负向，在 aVR 导联中 P 波正向，P-R 间期<QRS。

5. 心电轴的测定 心电轴是额面 QRS 波群的综合向量，测定心电轴对判断心房肥厚和束支传导功能有一定诊断价值。测定方法是，先量出Ⅰ、Ⅲ导联中 QRS 波群的电压值，以波形向上为正值，向下为负值，计算其代数和。然后可用坐标法作图测量或直接查表。人正常心电轴范围为−30°～+110°，−90°～−30°为心电轴左偏，+110°～+270°（−90°）为心电轴右偏。

6. 计算人的心率 根据本实验测定的心电图，计算人的心率，判断其心律是否为窦性心律，心电轴如何？对动物心电图的分析基本上参照人的心电图分析进行，但由于动物种类不同、许多动物心脏的解剖位置与人有较大差异，其心电图的各项正常参数（包括正常心电轴范围）与人有很大差异，目前还没有一个适合于各种动物的心电图参数。

五、注意事项

动物的固定一定要妥当，并注意绝缘。

六、思考题

1. 试分析不同动物心电图的特点。
2. 心电图各组成部分代表什么生理意义？

§实验 23　心电与收缩活动的时相关系

一、目的

了解心脏电活动和机械收缩的时相关系。

二、原理

心肌细胞的兴奋可通过兴奋-收缩耦联，引起细胞内肌丝滑行产生收缩。兴奋-收缩耦联需要 Ca^{2+}参与，所需的 Ca^{2+}主要由细胞外通过横管系统进入细胞内，因此细胞

外 Ca^{2+}浓度对心肌的兴奋-收缩耦联的影响很大。用甘油林格液可逆性地阻止细胞外 Ca^{2+}进入细胞内，从而阻断兴奋-收缩耦联，使心肌的兴奋活动不能引起其收缩活动。

三、材料和设备

蟾蜍、蛙手术器械一套、蛙心夹、蛙心插管、蛙板、双凹夹、长滴管、木质试管夹或蛙心插管夹、铁台架、万能滑轮、计算机生物信号实验系统、张力换能器、林格液、25%高渗甘油林格液。

四、方法和步骤

1. 手术 取蟾蜍一只，破坏脑和脊髓，剪开心包暴露心脏。在主动脉下穿双线，用玻璃分针穿过主动脉干，将心尖翻向头端，然后将预先穿入的一条线沿静脉窦与后腔静脉交界处结扎（注意勿结扎半月沟和静脉窦），心脏恢复原位，立即做蛙心插管，方法参考实验 19，使心脏保留在原来位置，蛙心插管与蛙体表成 15°角固定。蛙心夹在舒张期夹住心尖，用线连至张力换能器，张力换能器接入计算机生物信号实验系统。用注射针头插入蟾蜍右前肢与左下肢，分别连接导线正负极，然后引入计算机生物信号实验系统，把地线夹在插入右下肢的针头上（Ⅱ导联）。

2. 观察项目

（1）正常心电图和心肌收缩活动描记：用林格液灌流心脏，观察心电发生在前，收缩在后发生。

（2）25%甘油林格液的影响：用 25%甘油林格液灌流，此时心电存在，收缩曲线不出现。

（3）兴奋-收缩耦联的恢复：用正常林格液灌注，观察心电和心肌收缩重新出现。

五、注意事项

（1）制备离体心脏标本时，勿伤及静脉窦。

（2）蛙心夹应在心室舒张期夹住心尖，避免因夹伤心脏而导致漏液。

六、思考题

归纳以上实验结果，说明了什么问题？

§实验 24 蛙肠系膜微循环观察

一、目的

观察蛙肠系膜微循环的血流状况，了解微循环各组成部分的结构和血流特点。

二、原理

微循环指微动脉和微静脉之间的血液循环，是血液和组织液进行物质交换的重要场所。由于肠系膜较薄，具有透光性，可用低倍镜观察到其血管中的血流状况。小动脉内的血液是从主干流向分支，流速快，有搏动，红细胞有轴流现象。小静脉内的血液流速慢，无轴流现象。毛细血管透明，近乎无色，其中的血细胞只能单个通过，如施与某些药物，则可见到血管的舒缩情况。

三、材料和设备

蛙或蟾蜍、显微镜、蛙类手术器械、大头针、滴管、林格液、0.01%肾上腺素、0.01%组织胺。

四、方法和步骤

取蛙或蟾蜍一只，破坏蛙脑和脊髓后将蛙固定在蛙板上，在腹侧部剪一切口，拉出一段小肠，将肠系膜展开，并用大头针将其固定在蛙板的圆孔周围（图 4.8）。其上滴加林格液，防止干燥，然后进行以下项目。

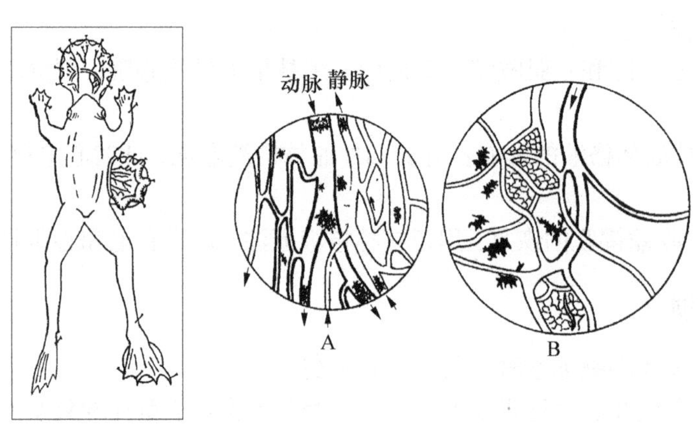

图 4.8　蛙微循环

A. 显微镜下蛙肠系膜小血管；B. 显微镜下蛙蹼内小血管俯卧法观察血液循环

（1）在低倍镜下观察小动脉、小静脉和毛细血管中血流情况，分辨其流速、方向和特征。

（2）给肠系膜血管以轻微机械刺激，观察该处血管口径及血流速度的变化。

（3）滴 1 滴 0.01%肾上腺素于肠系膜血管上，观察血管口径及血流速度的变化。发生变化后，速以林格液冲洗。

（4）滴 1 滴 0.01%组织胺于肠系膜血管上，观察血管口径及血流速度的变化。

本实验还可改用蛙蹼、蛙舌或蛙膀胱观察。

五、注意事项

（1）手术过程中要尽量避免出血。固定肠系膜时，不可牵拉太紧，以免拉破血管或阻断血流。

（2）实验过程中，要随时用林格液湿润肠系膜或舌，以防干燥。

（3）若用蛙蹼作为观察标本，则难以观察到血管对药物的反应。

（4）滴加各种溶液时不要污染显微镜。

六、思考题

1. 滴加组织胺和肾上腺素对毛细血管的影响主要是通过什么途径引起的？结合休克的发生说明维持或调节微循环的正常因素是什么？

2. 毛细血管内血流特点对物质交换有何影响？

3. 为什么微循环各部分的血流快慢不同？

§实验 25　动脉血压的直接测定及其影响因素

一、目的

了解哺乳动物动脉血压的直接测定方法，并观察神经-体液因素对动脉血压的影响。

二、原理

在正常情况下，动脉血压是相对稳定的。这种相对稳定是通过神经、体液的调节实现的。当血压升高时，颈动脉窦和主动脉弓区压力感受器受刺激，可引起降压反射。而血压降低时则引起升压反射。

三、材料和设备

兔、电子秤、兔手术台、常用手术器械、计算机生物信号实验系统、血压换能器、三通、水银检压器、动脉套管、动脉夹、注射器、丝线、20%氨基甲酸乙酯、生理盐水、1%肝素生理盐水、0.01%肾上腺素、0.01%乙酰胆碱。

四、方法和步骤

1. 实验前准备

（1）将兔用 20%氨基甲酸乙酯溶液按 5mL/kg 体重经耳缘静脉注射，麻醉后，仰卧位固定于手术台上，术部常规处理。

（2）分离血管和神经：切开颈部皮肤并分离肌肉，在气管两侧可见纵行的颈总动脉鞘，鞘内走行有颈总动脉、迷走神经、交感神经和减压神经（图 4.9）。用玻璃分针仔细分离并穿线备用。

（3）动脉插管：将左侧颈总动脉远心端用线结扎，近心端用动脉夹夹闭，在动脉夹和结扎线之间靠近结扎线处用眼科剪剪一“V”形切口，向心方向插入与压力换能器相连并充满肝素溶液的动脉套管，用线结扎固定，保持动脉套管与动脉在同一直线上，然后用胶布将动脉插管固定于手术台上。血压传感器的一个接口接动脉套管，另一个接口通过三通管接水银检压器和制压瓶，通过制压瓶使整个管道充满 1% 肝素生理盐水，并加压至 100mmHg① 左右。（图 4.10）。以预加压力与血压接近，血液不流入动脉套管为佳。血压换能器固定于专用支架上，位置与心脏基本持平。

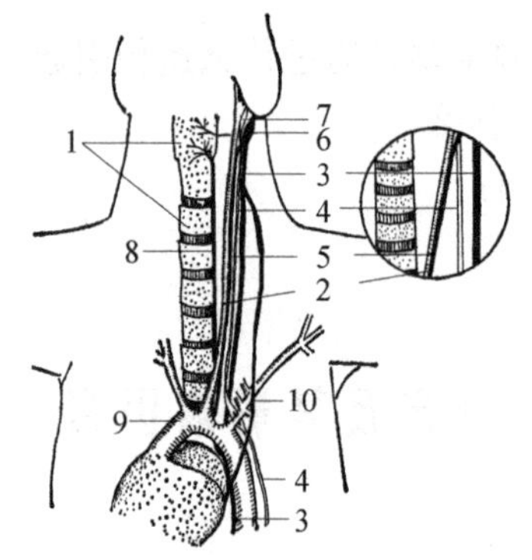

图 4.9　兔颈局部解剖图

1. 喉及气管；2. 颈总动脉；3. 迷走神经；4. 交感神经；5. 减压神经；6. 节状神经；7. 颈前神经节；8. 喉区神经；9. 主动脉弓；10. 心迷走神经

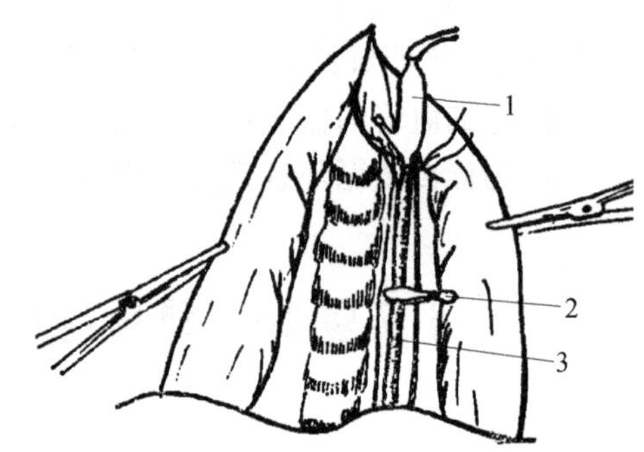

图 4.10　插入动脉套管

1. 动脉套管；2. 动脉夹；3. 颈动脉

2. 仪器的连接和使用　血压传感器的输入接入计算机生物信号实验系统，调节适当放大倍数，记录血压曲线；刺激参数选单刺激、波宽 1ms、频率 10～50Hz、适宜强度。进行下列实验项目：

（1）描记一段正常血压曲线，识别一级波（心搏波）、二级波（呼吸波）及三级波（梅耶氏波）（图 4.11）。

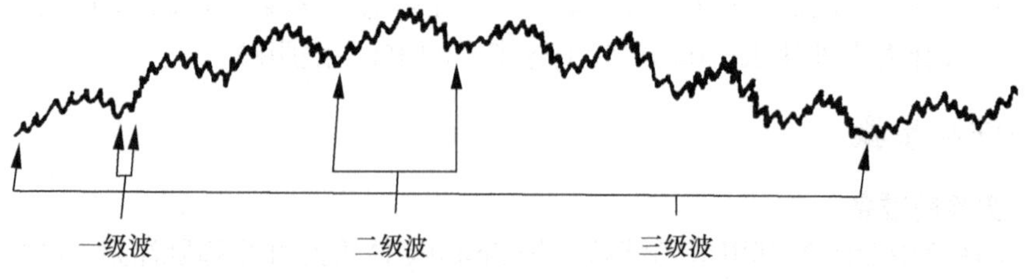

图 4.11　兔颈总动脉血压描记曲线

① 1mmHg≈1.333×10^2Pa

（2）牵拉或压迫颈动脉窦，观察家兔的血压变化。

（3）夹闭另一侧颈总动脉数秒钟，观察血压有何变化。

（4）剪断右侧减压神经，观察血压有何变化；电刺激其向中端，观察血压有何变化。

（5）剪断右侧迷走神经，观察血压有何变化；电刺激其向心脏端，观察血压有何变化。

（6）耳缘静脉注射 0.01%肾上腺素 0.2～0.5mL 后，观察血压有何变化。

（7）耳缘静脉注射 0.01%乙酰胆碱 0.2～0.5mL 后，观察血压有何变化。

（8）耳缘静脉注射生理盐水 20mL 后，观察血压有何变化。

（9）通过三通管放血 10～20mL 后，观察血压有何变化。

五、注意事项

（1）麻醉剂不能过量，注射不宜过快，可在 3min 左右注射完毕。

（2）室温低时给动物保温，防止麻醉后体温下降。

（3）分离神经、颈总动脉，夹闭颈总动脉，手术过程中均要避免过度牵拉；神经上要经常滴以林格液湿润，防止干燥。

（4）各实验项目应在前一项实验恢复的基础上进行，实验结果必须有前后对照。血压曲线一般可看到三级波。一级波（心搏波）是由于心室舒缩引起的血压波动，心缩时上升，心舒时下降，频率与心率一致，波动幅度反映出收缩压与舒张压的高度。二级波（呼吸波）是由于呼吸引起的血压波动，吸气时上升，呼气时下降。三级波不常出现，可能是由于血管运动中枢紧张性的周期性变化所致。

六、思考题

1. 动物动脉血压是怎样形成的？影响血压的因素有哪些？
2. 吸气与呼气运动对血压有何影响，为什么？
3. 为什么阻断一侧颈总动脉血流后血压会发生变化？
4. 为什么电刺激迷走神经引起血压下降的潜伏期比刺激减压神经要短？
5. 静脉注射肾上腺素或乙酰胆碱之后血压会发生什么变化，为什么？
6. 失血对血压的影响及其原因。

§实验 26 减压神经放电

一、目的

观察减压神经传入冲动的特征，进一步认识减压反射调节过程；了解神经放电的电生理实验方法。

二、原理

兔的主动脉弓压力感受器传入纤维自成一束，称减压神经。在一个心动周期内，随着动脉血压的波动，其传入冲动频率也发生相应变化。当动脉血压升高时，其传入冲动频率增加，通过加强心迷走紧张、抑制心交感和交感缩血管紧张降低动脉血压；反之，其传入冲动频率减少。神经冲动的放电节律与心率和血压一致。

三、材料和设备

兔、电子秤、兔手术台、常用手术器械、计算机生物信号实验系统、水银检压计、动脉套管、动脉夹、注射器、丝线、2%戊巴比妥钠、生理盐水、1%肝素生理盐水、液体石蜡、0.01%去甲肾上腺素、0.01%乙酰胆碱。

四、方法和步骤

按实验 25 的方法分离减压神经 2～3cm 长，其下穿一细线，神经上滴上温热液体石蜡（38～40℃），以防神经干燥受损。计算机生物信号实验系统 1 通道连接引导电极，减压神经搭在引导电极上。示波器方式工作，调节增益 2000～5000 倍，输入信号 AC（交流输入），0.001s，滤波 1kHz，扫描速度 50～100ms/div，打开 50Hz 抑制。

（1）描记一段正常曲线，观察减压神经放电信号的波形；注意观察神经放电波形的变化规律（图 4.12）。

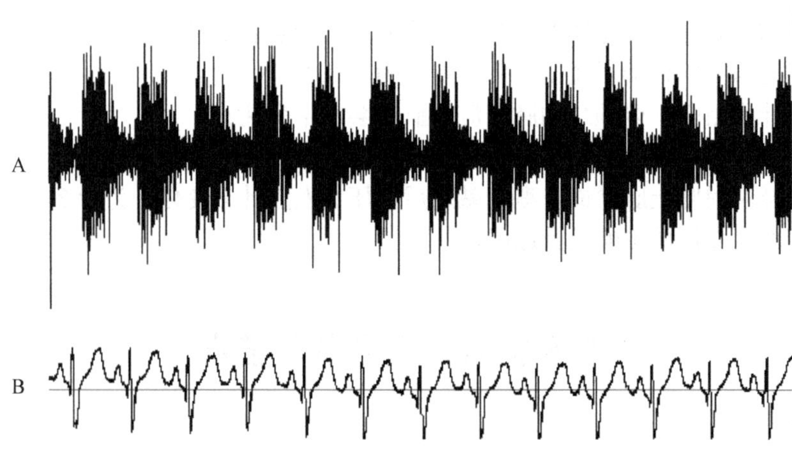

图 4.12　减压神经放电

A. 减压神经放电；B. 心电图

（2）静注 0.01%乙酰胆碱 0.1mL/kg，观察神经放电信号的变化。

（3）静注 0.01%去甲肾上腺素 0.3mL 左右，观察电信号的变化。

五、注意事项

（1）如需较长时间观察，可在兔颈部做成人工皮兜，将 40℃的液体石蜡滴入皮兜内浸泡神经和电极，防止神经干燥。

（2）引导电极不可触及其他组织。

六、思考题

1. 减压神经的生理作用是什么？兔减压神经放电有何特征？
2. 如何证明减压神经是传入神经？

第五章　呼　　吸

§实验 27　胸膜腔内压的测定

一、目的

学习胸膜腔内负压的测定方法，观察呼吸过程中胸膜腔内压的变化。

二、原理

胸膜腔内压指胸膜腔内的压力，通常低于大气压，称为胸膜腔内负压。胸膜腔内负压主要由肺的弹性回缩力所产生，并随呼吸周期而变化。吸气时肺扩张，回缩力增强，胸膜腔内负压增大；呼气时肺缩小，回缩减小，胸膜腔内负压降低。胸膜腔内负压的存在是保证呼吸运动正常进行的必要条件，破坏胸膜腔的密闭性，则胸膜腔内负压消失，肺萎缩。

三、材料和设备

兔、电子秤、麻醉剂、手术台、常用手术器械、气管套管、粗针头（尖端磨钝，侧壁开孔，带输液管）、水检压计、橡皮管。

四、方法和步骤

（1）粗针头与水检压计相连。

（2）动物麻醉后背位固定于手术台上，在颈部和右侧胸部剪毛，切开颈部皮肤，分离气管，安好气管套管。

（3）从第四肋间插入粗针头，水检压计液面波动后固定针头，即可开始实验观察和记录（图 5.1）。

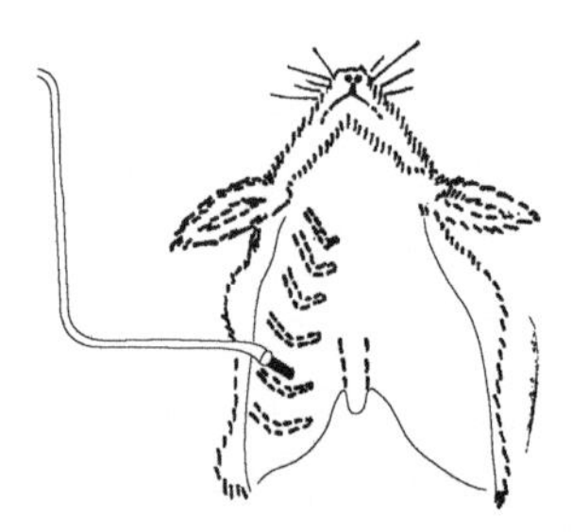

图 5.1　胸膜腔内负压观察装置

（4）实验项目：

A. 胸膜腔内负压的观察：当针头插入胸膜腔时即可见水检压计与胸膜腔相通的一侧液面上升，而与空气相通的一侧液面下降，表明胸膜腔内的压力低于大气压，为负压。

B. 胸膜腔内负压随呼吸运动的变化：仔细观察吸气和呼气时胸膜腔内负压的变化。

C. 增大呼吸无效腔对胸膜腔内负压的影响：将气管套管开口端一侧连一长20cm、内径1cm的橡皮管，然后堵塞另一侧，使无效腔增大，造成呼吸运动加强，观察胸膜腔内负压的变化。

D. 气胸对胸膜腔内负压的影响：剪去右侧肋骨造成开放性气胸，或者用一支粗的套管针穿透胸腔，使胸膜腔与大气直接相通，形成气胸，观察胸膜腔内负压和呼吸运动的变化。

E. 迅速关闭创口，用注射针头刺入胸膜腔内抽出气体，观察胸膜腔内压力的变化；可见胸膜腔内负压又出现，呼吸运动也逐渐恢复正常。

五、思考题

胸膜腔内负压是如何形成的？有何生理意义？

§实验28　呼吸运动的调节

一、目的

观察多种因素对家兔呼吸运动（呼吸频率、节律、幅度）的调节。

二、原理

呼吸运动是呼吸中枢节律性活动的反应。在不同的生理状况下，呼吸运动所发生的适应性变化有赖于神经和体液因素的调节。体内外各种刺激，可以直接作用于中枢部位或通过不同的感受器反射性地影响呼吸运动。

三、材料和设备

兔、电子秤、兔手术台、常规手术器械、气管插管、注射器、3%乳酸、麻醉剂、计算机生物信号实验系统、呼吸换能器（或张力换能器）。

四、方法和步骤

（1）将仪器准备好并通电。

（2）家兔麻醉后背位固定在手术台上，术部常规处理。

（3）分离两侧迷走神经并在其下穿线备用。

（4）分离气管并安置插管（图5.2），将气管插管与呼吸换能器相连，呼吸信号经换能器由信号记录设备记录。本法在动物生理学实验室内较常用，受各种因素干扰最少。呼吸信号也可利用胸膜腔内负压来记录，或采用膈肌运动记录法（图5.3），即在剑突下方沿腹中线作2cm切口，仔细分离剑突与膈肌之间的组织并剪断剑突，使剑突与胸肌分离，但与膈肌相连。用弯针钩住剑突，信号经换能器传入计算机。本法可反映呼吸频率、呼吸深度，以及呼吸停止状态，但当动物挣扎后需重新调整基线。

图 5.2　气管插管法

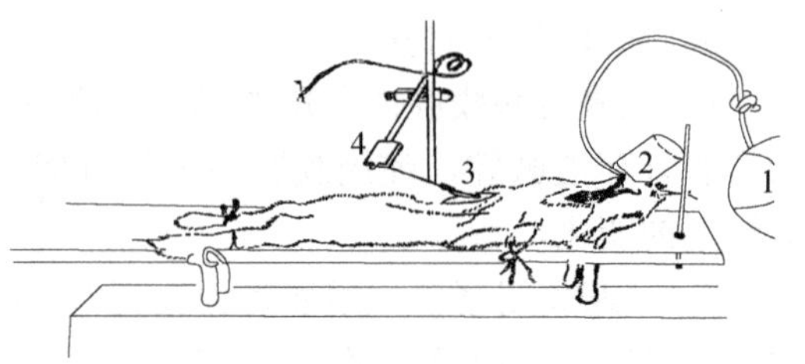

图 5.3　膈肌法记录呼吸运动图

1. CO_2 球胆；2. 烧杯；3. 膈小肌；4. 张力换能器

（5）描记一段正常曲线，辨认吸气和呼气运动与曲线方向的关系。

（6）增加无效腔对呼吸运动的影响：连一条长约 20cm、内径 1cm 的橡皮管连在气管插管的一个侧管上，然后堵塞橡皮管另一侧，使无效腔增大，观察并记录呼吸运动曲线的改变。一旦出现明显变化，则立即打开止血钳，去除橡皮管，待呼吸恢复正常。

（7）CO_2 对呼吸运动的影响：将气管插管的一个侧管接通 CO_2 气袋，同时夹闭另一侧管，观察并记录呼吸运动的变化。

（8）肺牵张反射：待呼吸恢复正常后，在气管插管的一个侧管上，连通一个 20mL 注射器。在吸气末注入 20mL 空气，观察呼吸运动的状态。待呼吸平稳后在呼气末用注射器抽取肺内气体，观察呼吸的状态有何变化。

（9）注入 3%乳酸 2mL，观察呼吸运动的变化。

（10）迷走神经的作用：结扎并切断一侧迷走神经，观察呼吸运动的变化。分别电刺激中枢端和外周端，记录呼吸运动曲线的变化。

（11）结扎并切断另一侧迷走神经，记录呼吸运动曲线的变化（图 5.4）。

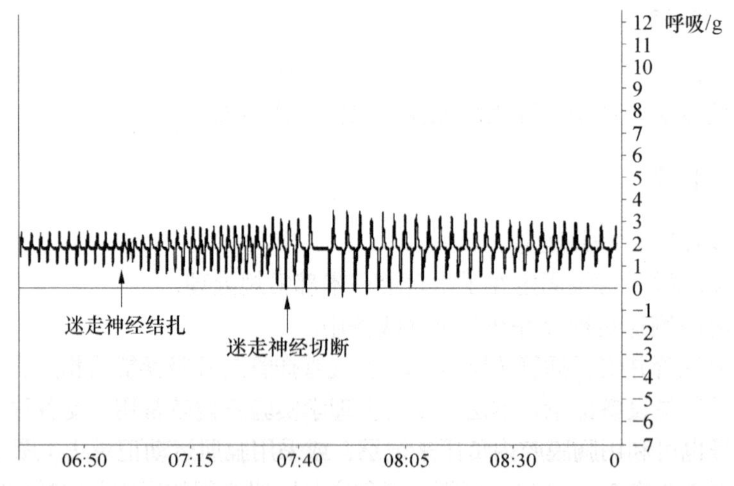

图 5.4　呼吸运动曲线描记

五、注意事项

每一实验项目必须在前一项目对动物的影响基本恢复之后才能进行。

六、思考题

逐一分析实验结果，并联系其生理意义。

第六章　消化和能量代谢

§实验 29　胃肠运动的直接观察

一、目的

观察神经系统对动物在体胃肠运动的影响。

二、原理

胃肠道平滑肌有自律性收缩，但受到神经和体液的调节时其紧张性和运动节律会发生改变。

三、材料和设备

兔、电子秤、常用手术器械、保护电极、刺激器、0.5mg/mL 阿托品、1mg/mL 新斯的明。

四、方法和步骤

（1）家兔实验前 1h 喂食，麻醉后背位固定于手术台上。剪去颈部的毛，沿颈部中线切开皮肤，分离肌肉，找出一侧迷走神经，穿双线备用。分离咽喉下面一段长约 3cm 的气管并切开，插入气管插管。

（2） 实验观察：

A. 观察食管有无蠕动。

B. 用中等强度的连续电刺激直接刺激食管，观察有何反应。

C. 刺激迷走神经，观察有无吞咽活动及食管蠕动波发生。

D. 将一侧迷走神经剪断，分别刺激其中枢端和外周端，观察食管的反应。

（3）剪腹部被毛，剪开腹腔，露出胃和肠。在膈下食管的末端找出迷走神经前支，在左侧腹后壁肾上腺的上方找出左侧内脏大神经，分别套上保护电极，然后观察下列实验项目：

A. 观察正常情况下胃和小肠的运动情况。

B. 刺激膈下迷走神经，观察胃肠运动的变化。

C. 刺激内脏大神经，观察胃肠运动的变化。

D. 由耳缘静脉注射 0.2mL 新斯的明，观察胃肠运动的变化。

E. 在新斯的明作用的基础上，由耳缘静脉注射 0.5mL 阿托品，再观察胃肠运动的变化。

五、注意事项

常用温热的生理盐水湿润，避免腹腔内温度下降及消化管表面干燥而影响胃肠运动。

六、思考题

胃肠的节律性运动与心肌运动有何区别？植物性神经系统如何调节胃肠的运动？

§实验 30 消化道平滑肌的生理特性

一、目的

观察平滑肌运动的一般特性，了解某些理化因素对离体兔肠段运动的影响。

二、原理

哺乳动物的消化道平滑肌具有肌肉组织的共同特性，但这些特性在消化道平滑肌的表现又有其特点，如兴奋性低、收缩缓慢、富有伸展性、持续的紧张性、自动节律性和对化学物质和温度等理化刺激较高的敏感性。这些特性在整体内受中枢神经系统和体液因素的调节，离体肠段虽然失去外来神经的支配，但在适宜的条件下仍能保持平滑肌的生理特性及肠壁神经丛的作用，用来研究理化因素对平滑肌生理特性的影响。

三、材料和设备

家兔、恒温浴槽、手术器械、张力换能器、计算机生物信号实验系统、0.01%肾上腺素、0.01%氯乙酰胆碱、0.5mg/mL 阿托品、台氏液。

四、方法和步骤

1. 准备计算机生物信号实验系统 张力换能器（5g）接入记录通道，并调节恒温浴槽内水温至 38.5℃。储液筒内加满台氏液，实验小筒中加 1/2 体积左右台氏液，调节进气旋扭，使气泡单个逸出。

2. 离体肠段的准备 经耳缘静脉注射空气处死兔子，立即打开腹腔，取出十二指肠，剪成 3～4cm 小段，于 30℃台氏液中洗去内容物，切取 2cm 左右肠段。

3. 标本连接　以缝针在肠段两端穿线或进行环线绕肠结扎，一端固定于专用固定钩上并放入恒温浴槽实验筒底部，另一端固定于换能器上，调节换能器与肠段连线的紧张度（图 6.1）。

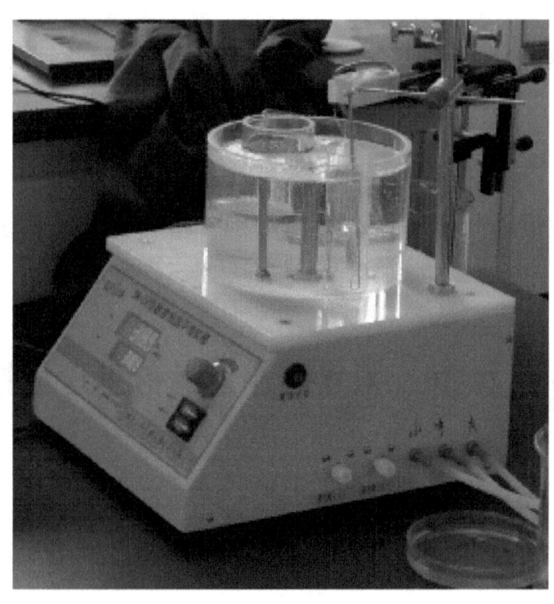

图 6.1　离体肠运动的实验装置

4. 实验内容

（1）记录一段自主性收缩曲线。

（2）加入 1～2 滴肾上腺素，记录收缩曲线，然后用台氏液冲洗 2～3 次，使肠段运动恢复。

（3）加入 1～2 滴乙酰胆碱，记录收缩曲线，用台氏液冲洗 2～3 次，使肠段运动恢复。

（4）先加入 3 滴阿托品后立即加入 1～2 滴乙酰胆碱，观察肠段运动的变化并记录收缩曲线。用台氏液冲洗 2～3 次，使肠段运动恢复。

（5）改变温度，降温至 25℃或升温至 45℃，分别观察肠段运动的变化并记录收缩曲线。

5. 观察如下指标

（1）紧张性：常以平滑肌收缩曲线的水平来判断它的紧张性变化。刺激后曲线水平上移，表示肠管紧张性增高，曲线水平下移表示肠管紧张性降低。

（2）收缩频率：频率快表示活动增强，慢表示活动减弱。

（3）收缩力：观察收缩曲线的幅度来对比收缩力大小。收缩曲线幅度加大，表示平滑肌收缩加强；收缩曲线幅度减小，表示平滑收缩减弱。

（4）自律性：观察平滑肌收缩曲线的节律（即收缩曲线之间的间隔），判断有无规律性。

五、注意事项

（1）家兔先禁食 24h，实验前 1h 喂食，避免麻醉剂对小肠活动的影响。

（2）药物的加入量要由少到多，一旦效果出现应停加。更换药物时清洗要彻底。

六、思考题

1. 各种药物对离体肠段的运动起什么作用？其机制是什么？
2. 温度如何影响离体肠段的活动？
3. 还有哪些因素能影响离体肠段活动？

§实验 31 小肠吸收与渗透压的关系

一、目的

验证并掌握小肠吸收与肠内容物渗透压间的关系。

二、原理

肠内容物的渗透压是制约肠吸收的重要因素，同种溶液在一定浓度范围内，浓度越大，吸收越慢；浓度过高（高渗溶液）时，出现反渗透现象，水分由血液进入肠腔，使内容物的渗透压降低至等渗时，才被吸收。饱和硫酸镁溶液对肠壁具有反渗透作用，并且较难吸收，致使肠腔水分大量增加，具有轻泻作用。

三、材料和设备

家兔、电子秤、兔手术台、手术器械、注射器、2%戊巴比妥钠溶液、饱和硫酸镁溶液、0.7%氯化钠、丝线。

四、方法和步骤

（1）按 30～40mg/kg 体重的剂量，耳静脉注射戊巴比妥钠，麻醉兔子并固定于兔手术台。

（2）剖开腹腔，拉出约 16cm 长的一段空肠，中间环线结扎，另在距中点上下各 8cm 处分别结扎，分为两段等长的肠腔（设为 A 段、B 段）。

（3）A 段中注入 5mL 饱和硫酸镁溶液，B 段中注入 30mL 0.7%氯化钠溶液，并将空肠放回腹腔，30min 后检查和记录两段空肠内容物体积的变化。

五、注意事项

（1）结扎肠段时应防止把血管结扎，以免影响实验效果。
（2）注意实验动物的保温。
（3）肠管的结扎以不使肠管内液体相互流通为准。

六、思考题

服用大量难以吸收的盐类，如硫酸钠和硫酸镁等，可起轻泻作用的机制是什么？

§实验 32　小鼠能量代谢的测定

一、目的

学习测定小动物耗氧量的一种简单方法。

二、原理

通过测定动物在一定时间内的耗氧量，可以计算其代谢率。

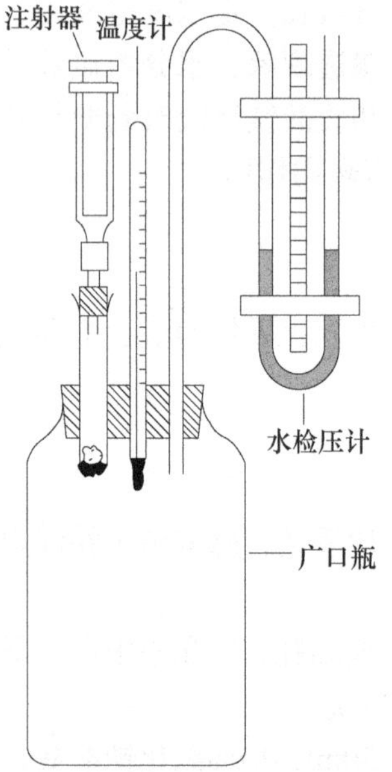

三、材料和设备

小鼠、胶塞、500mL 广口瓶、5mL 注射器、2×10cm 试管（底开口）、10%KOH、水检压计、甲基蓝溶液。

图 6.2　测定动物耗氧量的简单装置

四、方法和步骤

按图 6.2 所示安装测定小动物耗氧量的简单装置。

（1）测定耗氧量的装置，主要为一个 500mL 的广口瓶，瓶盖为胶塞，其上钻有三个小孔：一个插 50℃的温度计，以测量瓶中的气温；一个与水检压计相连，以测定瓶中的压力；另一个则插入一支底部开口的试管，开口的边缘向内翻，放一小块浸透 10%KOH 溶液的棉球，以吸取动物呼出的 CO_2。

试管上端盖上胶塞，在一小孔内插入 5mL 注射器。测定开始时，胶塞周围涂一薄层液体石蜡，以防漏气。水检压计的水柱应放至 0 刻度。水中可加少量甲基蓝溶液，以便读数。

（2）用注射器向广口瓶内推入 5mL 空气，使水检压计的水柱上升。静置数分钟后，如水柱液面稳定，表示装置密封良好，可进行测定。

（3）把小鼠放入广口瓶内，塞紧胶塞，待 3～5min，让动物适应测定环境和使瓶内的温度稳定，并记录瓶内的温度。

（4）测定时使注射器的管芯保持在 0 位，并记录水检压计上水柱液面的读数，然后向广口瓶内注入 5mL 空气，使检压计的水柱升高，当大鼠在瓶内进行呼吸时，装置内气体容积减少，则压力计的水柱液面缓慢下降。记录消耗 1mL O_2 所需的时间。重复测定 2～3 次，取其较稳定的数值计算大鼠的耗氧率。

五、注意事项

整个系统的活塞要盖牢，确保不漏气。向广口瓶注射空气时，压力计中上升的液面要维持恒定，如果液面自动迅速下降，则是漏气，而并非大鼠呼吸造成的。

六、思考题

1. 能量代谢受哪些因素的影响？
2. 利用耗氧量如何计算代谢率？计算所得实验结果可否作为基础代谢率？

第七章　泌　　尿

§实验 33　影响尿生成的因素

一、目的

学习膀胱套管技术和输尿管插管技术，了解影响尿分泌的因素。

二、原理

尿由血液流过肾单位时经过肾小球滤过作用、肾小管和集合管的重吸收和分泌作用而形成。能影响尿生成过程的因素如有效滤过压、肾小管上皮细胞的重吸收能力等都可影响尿的生成。

三、材料和设备

家兔、电子秤、手术台、手术器械、气管插管、恒温水浴箱、电刺激器、保护电极、膀胱套管、塑料管、橡皮管和直套管、缝线、记滴装置、烧杯、注射器及针头、麻醉剂、20%葡萄糖溶液、0.01%肾上腺素、1%呋塞米（速尿）、垂体后叶素（6U/mL）、生理盐水。

四、方法和步骤

（一）实验动物的手术

动物麻醉后背位固定于手术台上，剪去颈部和下腹部的被毛。在颈部正中线切开皮肤，找出迷走神经，穿线备用。在颈静脉或股静脉备以输液装置。在下腹部正中线作长约 4cm 的皮肤切口，沿腹白线切开腹壁，用手轻轻将膀胱移出腹腔外，置于蘸温热生理盐水的纱布垫上，以便进行插管；找出内脏大神经，穿线备用。尿液的收集可选用膀胱套管法或输尿管插管法（参见第一章部分动物生理学慢性实验手术方法介绍）。在套管或插管下端连接记滴装置。

（二）实验项目

（1）记录对照情况下每分钟尿分泌的滴数，可连续计数 5～10min，求其平均数并观察动态变化。

（2）静脉注射37℃的生理盐水20mL，记数每分钟尿分泌的滴数。

（3）静脉注射37℃的20%葡萄糖溶液10mL，计数每分钟尿分泌的滴数。

（4）静脉注射0.01%肾上腺素0.5～1mL后，计数每分钟尿分泌的滴数。

（5）切除两侧迷走神经，用保护电极以中等强度的电刺激连续刺激一侧迷走神经的外周端，观察并记录每分钟尿分泌的滴数变化。

（6）刺激内脏大神经，观察并记录每分钟尿分泌滴数的变化。

（7）静脉注射垂体后叶素 1～2U，计数每分钟尿分泌的滴数，并观察何时开始出现抗利尿作用。

五、注意事项

（1）实验前给兔子多喂多汁青绿饲料，或用导尿管向兔胃灌入40～50mL清水，以增加其基础尿流量。

（2）实验中需多次进行耳缘静脉注射，注射时应从耳缘静脉远端开始，逐步移近耳根；手术创口不宜过大，防止动物的体温下降，影响实验结果。

（3）输尿管手术难度较大，注意导管被血凝块堵塞或扭曲而阻断尿液的流通。

（4）实验环境温度较低时，注意对动物的保温。

（5）在进行每一实验步骤时必须待尿量基本恢复或者相对稳定以后才开始，而且在每项实验前后，要有对照记录。

六、思考题

1. 分析影响尿分泌的生理因素。
2. 为什么注射垂体后叶素后，观察反应的时间要长些？

第八章　神　　经

§实验 34　反射弧的分析

一、目的

通过实验证明反射弧组成，探讨反射弧完整性与反射活动的关系，测定反射时。

二、原理

在中枢神经系统的参与下，机体对刺激所产生的适应反应过程称为反射。较复杂的反射需要由中枢神经系统较高级的部位整合才能完成，较简单的反射只需通过中枢神经系统较低级的部位就能完成。将动物的高位中枢切除，仅保留脊髓的动物称为脊动物。脊动物产生的各种反射活动为单纯的脊髓反射。由于脊髓已失去了高级中枢的正常调控，所以反射活动比较简单，便于观察和分析反射过程的某些特征。

反射活动的结构基础是反射弧。典型的反射弧由感受器、传入神经、神经中枢、传出神经和效应器五个部分组成。引起反射的首要条件是反射弧必须保持完整性。反射弧任何一个环节的解剖结构或生理完整性一旦受到破坏，反射活动就无法实现。从刺激作用于感受器开始到效应器出现反射性反应为止所需要的时间叫反射时，但不同性质和强度的刺激引起的反射时是不同的，同种刺激的刺激强度越弱，反射时越长，强度越强，反射时越短。由于脊髓的机能比较简单，所以常选用只毁脑的动物（如脊蛙或脊蟾蜍）为实验材料，以利于观察和分析。

三、材料和设备

蛙或蟾除、蛙类手术器械一套、铁支架、刺激电极、棉球、纱布、滤纸片、烧杯、培养皿、1%H_2SO_4、2%普鲁卡因、小烧杯、秒表。

四、方法和步骤

（1）制备脊蟾蜍：取蟾蜍 1 只，用粗剪刀由两侧口裂剪去上方头颅，制成脊蟾蜍。俯卧位固定在蛙板上，于右侧大腿背侧纵行剪开皮肤，在股二头肌和半膜肌之间的沟内找到坐骨神经干，在神经干下穿 1 条细线备用。手术完后，用肌夹夹住蟾蜍下颌，悬挂于支架上。待蟾蜍四肢停止活动后，进行以下实验。

（2）屈腿反射：用盛在培养皿中的 1%H_2SO_4 溶液浸泡蟾蜍左后肢足趾，观察有无屈腿反射。待反应出现后，立即用盛在烧杯内的自来水洗净足趾，并用纱布擦干。

（3）反射时测定：用培养皿装 1%H_2SO_4，将蟾蜍任一后肢尖浸于硫酸液中，同时用秒表记录从浸入时起至腿发生屈曲所需要的时间。待反应出现后，立即用盛在烧杯内的自来水洗净足趾，并用纱布擦干。重复三次，求其平均值，此值为反射时。

（4）剥去皮肤：在左侧膝关节处将皮肤作一环形切口，剥掉足部皮肤（注意剥净），再用 1%H_2SO_4 刺激足趾，观察是否出现屈腿反射，之后洗净、擦干。

（5）用一细棉条包住分离出的坐骨神经，在细棉条上滴几滴 2%普鲁卡因溶液后，每隔 2min 用 1%H_2SO_4 刺激足趾，观察是否出现屈腿反射，之后洗净、擦干。

（6）将浸过 1%H_2SO_4 的滤纸片贴在蛙的腹部，观察动物的反应，洗净硫酸，擦干。

（7）剪断右侧坐骨神经：将右侧坐骨神经作双结扎，并从中剪断，再用 1%H_2SO_4 刺激左侧足趾，观察是否出现屈腿反射。

（8）电刺激右侧坐骨神经的中枢端，观察动物的同侧和对侧后肢活动有何不同。电刺激右侧坐骨神经的外周端，观察同侧后肢有何反应。

（9）捣毁脊髓：用毁髓针彻底捣毁脊髓，再重复以上实验，观察蟾蜍有何反应。

五、注意事项

（1）制备脊蟾蜍时，不能破坏脊髓。

（2）每次发生反射后，均应迅速用小烧杯装清水洗净硫酸溶液，并用纱布擦干。

（3）浸入硫酸的部位，应限于足趾尖，切勿浸入太多，每次浸入的深度应基本相同。用 H_2SO_4 刺激后，必须立即用清水洗净。

六、思考题

1. 上述实验结果，哪些反应属于反射活动，哪些不属于反射活动？为什么？

2. 刺激坐骨神经中枢端和外周端，反应有何不同？为什么刺激坐骨神经中枢端，同侧和对侧后肢表现出不同的反应？

3. 剥去趾关节以下皮肤后，不再出现原有的反射活动，为什么？

4. 以实验结果为根据，说明反射弧的几个组成部分。

§实验 35 脊髓背根和腹根的机能

一、目的

学习暴露脊髓和分离脊神经背、腹根的方法，了解背根和腹根的不同机能。

二、原理

脊神经的背根是由传入神经纤维组成，具有传入机能；腹根由传出神经纤维组成，具有传出机能。若切断背根，则相应部位的刺激不能传入中枢；若切断腹根，不能传出冲动，则其所支配的效应器也不再发生反应。

三、材料和设备

蟾蜍或蛙、蛙类手术器械一套、弯头金冠剪、刺激器或多用仪、小型弯头露丝电极、蛙板、蛙腿夹、滴管、棉花、红色和白色细丝线、林格液。

四、方法和步骤

（1）将蟾蜍或蛙毁脑后腹位固定于蛙板上。沿背部中线剪开皮肤，向前开口至耳后腺水平，向后开口至尾杆骨中段。用剪刀小心剪去脊椎两侧的纵行肌肉及椎间肌肉，暴露椎骨。

（2）横向剪断环椎，然后将弯头金冠剪小心伸入椎管，自前至后逐节剪断两侧椎弓，移去骨片，暴露全部脊髓（勿损伤脊髓）。

（3）用眼科镊轻轻挑开脊髓表面的银灰色或黑色脊膜，再用林格液冲洗马尾部，小心识别第 7～10 对脊神经背根和腹根。用玻璃解剖针分离一侧第 9 对脊神经的背、腹根（背根近椎间孔处有淡黄色、半个小米粒大小的脊神经节），将背根穿两条白色丝线，腹根穿两条红色丝线备用。放松两后肢即可进行实验观察。

A. 提起白丝线，轻轻用刺激电极钩起背根，打开刺激器，用较弱的单脉冲刺激背根（只引起同侧后肢抖动），记录结果。

B. 用同样方法刺激腹根，记录结果。

C. 将两条白色线双结扎背根后从中间剪断神经，分别刺激其中枢端和外周端（刺激强度不变），记录结果。

D. 用同样方法结扎并剪断腹根，重复刺激背根中枢端，记录结果。

E. 分别刺激腹根中枢端和外周端，记录结果。

五、注意事项

（1）在切除最后 4 个脊椎的椎弓时，注意不要切得太深，以免损伤脊髓。

（2）切断背根腹根时，手术必须小心、准确。

六、思考题

根据实验结果，说明背根和腹根的机能。

§实验 36　脊　髓　反　射

一、目的

通过对脊蟾蜍的屈肌反射的分析，探讨反射弧的完整性与反射活动的关系；学习掌握反射时的测定方法，了解刺激强度和反射时的关系；以蛙的屈肌反射为指标，观察脊髓反射中枢活动的某些基本特征，并分析它们产生的神经机制。

二、原理

完成一个反射所需要的时间称为反射时。反射时除与刺激强度有关外，反射时的长短与反射弧在中枢交换神经元的多少及有无中枢抑制存在有关。由于中间神经元联系的方式不同，反射活动的范围和持续时间和反射形成难易程度都不一样。

三、材料和设备

蟾蜍、硫酸溶液（0.1%、0.3%、0.5%、1%）、1%可卡因或普鲁卡因、蛙类手术器械、铁支柱、玻璃平皿、烧杯（500mL，或搪瓷杯）、小滤纸（约 1cm × 1cm）、纱布、秒表、双输出刺激器（1 台）、通用电极（2 个）。

四、方法和步骤

1. 制备脊蟾蜍　方法见实验 34。

2. 屈肌和伸肌反射　以盛有 0.5%H_2SO_4溶液的烧杯，将蟾蜍的一条后肢趾尖浸入硫酸中，可见到该后肢的屈肌反射，而未刺激的对侧后肢则伸直。记录反射时。

3. 搔扒反射　将浸有1%硫酸溶液的小滤纸片贴在蟾蜍的下腹部，可见四肢向此处骚扒。之后将蟾蜍浸入盛有清水的大烧杯中，洗掉硫酸滤纸片和蟾蜍体上剩余硫酸。

4. 总和

1）空间总和　用两个略低于阈强度的阈下刺激，同时刺激后足背相邻两处皮肤（距离不超过 0.5cm），观察是否出现屈肌反射。

2）时间总和　用单个略低于阈强度的阈下刺激，先后刺激足背皮肤，由大到小调节刺激的时间间隔（即依次增加刺激频率），直至出现屈肌反射。

5. 后放　将一个电极放在蟾蜍的足面皮肤上，先给予弱的连续阈上刺激观察发生的反应，然后依次增加刺激强度，观察每次增加刺激强度所引起的反应范围是否扩大，同时观察反应持续时间有何变化。并以秒表计算自刺激停止起，到反射动作结束共持续多长时间。比较弱刺激和强刺激的结果有何不同。

6. 扩散　以弱的重复电刺激蛙的前肢，观察反应部位如何。逐渐加大刺激的强度，观察在强电流刺激下反应部位有无变化。

7. 抑制　先用一小夹子夹住后肢上部皮肤，等动物稳定后用培养皿装 0.5% H_2SO_4，将蟾蜍后肢趾尖浸于硫酸溶液中，同时用秒表记录从浸入时起至腿发生屈曲所需时间，重复测定后肢的反射时，观察其有无延长。

五、注意事项

（1）制备脊蟾蜍时，颅脑离断的部位要适当，太高因保留部分脑组织而可能出现自主活动，太低又可能影响反射的产生。

（2）用硫酸溶液或浸有硫酸的纸片处理蟾蜍的皮肤后，应迅速用自来水清洗，以清除皮肤上残存的硫酸，并用纱布擦干以保护皮肤。

（3）浸入硫酸溶液的部位应限于一个趾尖，每次浸泡部位和范围也应一致，切勿浸入太多。

六、思考题

1. 何谓时间总和与空间总和?
2. 分析产生后放现象可能的神经回路。
3. 简述反射时与刺激强度之间的关系。
4. 反射有哪些联系方式?

§实验 37　交 互 抑 制

一、目的

观察拮抗肌活动时的交互抑制现象。

二、原理

腓肠肌和胫前肌是一对拮抗肌，二者在同一时间的收缩和舒张活动相反。当神经冲动传入中枢引起支配一侧后肢的屈肌（腓肠肌）的运动神经元兴奋时腓肠肌收缩；同时，另有轴突侧支把冲动传到抑制性中间神经元，支配同侧的伸肌（胫前肌）运动神经元抑制，胫前肌舒张，引起后肢屈曲。相反，腓肠肌舒张，胫前肌收缩，后肢伸直。拮抗肌的相互抑制作用称交互抑制。

三、材料和设备

蟾蜍、蛙类手术器械一套、蛙板、计算机生物信号实验系统、张力换能器、普通电极、支架、试管夹、林格液、双凹夹、小烧杯、大头针、棉球。

四、方法和步骤

（1）制备脊蟾蜍，放在蛙板上。

（2）在一侧后肢的膝关节处作环形切口，剥去小腿皮肤。

（3）将腓肠肌的肌腱结扎后剪断，再将整块肌肉分离出来。

（4）胫前肌在足背上有三附着点，将三附着点的肌腱结扎后剪断（外侧附着点的肌腱与血管和神经伴行，应将血管和神经一起结扎剪断）。提起肌腱，将胫前肌仔细地游离出来，然后剪断胫骨。

（5）找出另一侧后肢的坐骨神经，系线后剪断。

（6）固定蟾蜍的躯干及前肢于蛙板上，并用大头针固定其膝关节于蛙板的下缘，使小腿自由下垂，然后将蛙板垂直固定于支架上。

（7）将腓肠肌和胫前肌的肌腱分别连接在两个张力换能器上，并输入到计算机生物信号实验系统。

（8）用适当强度的单个刺激来刺激坐骨神经中枢端时，可见到腓肠肌收缩，胫前肌舒张，将曲线描记下来。

五、注意事项

（1）随时用林格液湿润神经与肌肉，以免干燥而失去机能。

（2）在胫前肌的腹面，接近肌肉的中部有神经和血管分支，分离肌肉时，不要拉断神经，并且尽可能不要损伤血管分支。

六、思考题

1. 拮抗肌的收缩曲线为何大于舒张曲线的幅度？

2. 刺激蟾蜍背部皮肤会引起交互抑制反应吗？为什么？

§实验 38　小脑的生理作用

一、目的

通过损毁小脑动物观察小脑对肌紧张、运动协调和姿势平衡维持的调节作用。

二、原理

小脑的主要机能是调节肌紧张、协调肌肉运动和维持平衡，当小脑受到损伤后就会出现肌紧张失调，不能维持平衡等现象。

三、材料和设备

蟾蜍、小鼠、鸽、狗、蛙类解剖器械、蛙板、棉球、纱布、常规手术器械、电烙器、小烧杯、乙醚、3%戊巴比妥钠、骨蜡、手术台、狗头夹、固定用绳、生理盐水。

四、方法和步骤

（一）蛙一侧小脑损伤

（1）将蛙头部皮肤作“T”形切开，打开颅盖，在延脑上方找出狭长的小脑，用小刀切除一半（注意不要伤害对侧小脑和小脑下面的延脑），用棉球止血，稍停即可进行实验。

（2）观察蛙静止体位和姿势的改变。

（3）观察蛙在运动时（跳跃和游泳）有何异常。

（二）小鼠一侧小脑损伤

（1）将小鼠俯位固定在蛙板上，四肢用绳缚住。

（2）沿头部正中线切开头皮，把颈肌往下剥离，从透明的颅骨即可看到小脑的位置。

（3）用蛙针或小刀破坏一侧小脑，用棉球止血。

（4）放开缚绳，让小鼠行走，可见其向一侧旋转或翻滚。

（三）鸽一侧小脑损伤

1. 固定　用包布将鸽体包裹，只暴露头部，使鸽不能运动，剪去头顶部和后部羽毛。

2. 麻醉　将少许棉花放入小烧杯中，倒入少许乙醚，将烧杯罩住鸽头，直至头下垂，眼睛微闭即可（轻度麻醉），不可麻醉过深，以免乙醚过量致死。

3. 术部消毒及手术　沿鸽头正中线切开头后部和颈部皮肤，分开创口，即可见后头骨与后头部肌肉，用刀将肌肉剥离或用电烙器将一侧后头部肌肉由上至下烫开，暴露头骨，用小剪刀除去骨松质，打开后头骨，剖开硬脑膜，即可见小脑。用小刀（或电烙器）破坏一侧小脑，如出血不止，可用棉球压迫或用骨蜡止血，待血流停止后缝合皮肤进行观察。

4. 术后观察　术后 1h 左右，鸽可表现出伤侧肢体紧张性增强，伤侧翅膀及爪伸直，运动时向伤侧绕圈，站立不稳，失去平衡。若将鸽双眼蒙住，则运动时不平衡现象更加严重。

（四）去小脑狗

（1）观察动物正常时的姿势，平衡能力和运动的表现。

（2）术前将狗禁食24h，用3%的戊巴比妥钠溶液按30mg/kg体重静脉注射，麻醉后俯位固定于手术台上，用狗头夹固定狗头并尽量屈曲头部。

（3）剪剃后头部及颈部被毛，用酒精棉和碘酊棉消毒后盖上创布。用手术刀切开后头部及颈部皮肤，分离肌肉，暴露枕骨大孔，剪破硬脑膜，用骨钳向上谨慎地咬去头骨并扩大枕骨大孔，露出第四脑室和小脑中部。如遇出血，用骨蜡止血，用电烙刀将小脑一块一块地剖掉，直至去除整个小脑为止。用38℃生理盐水纱布清创，缝合肌肉和皮肤，数天后进行观察。

（4）初期表现为四肢僵直，头向后仰，有时发生颤抖，大多不能行走，以后逐日改善。1～2 周后，肌肉过度紧张逐渐消失，狗能行走但步态不稳，四肢不配合，左右摇晃，容易倾倒，进食时头部左右摇晃，不易对准食钵，不时碰地，完全失去肌肉紧张的协调和平衡能力。

五、注意事项

（1）扩大枕骨大孔时，切勿超过小脑中部，以免大出血（因向上可伤及矢状窦及横窦），若出血不止，可压住左右椎动脉，以减少出血。

（2）术后注意护理和加强饲养管理。

六、思考题

小脑对躯体的运动有何功能？

§实验39　大脑皮层的诱发电位

一、目的

学习通过刺激外周神经，在相应的皮层区记录其传入神经所引起的皮层诱发电位的方法，并观察大脑皮层诱发电位的一般特征。

二、原理

诱发电位是指感觉传入神经受刺激时，在大脑皮层某一局限区域引出的电位变化。记录诱发电位是研究皮层感觉机能定位的重要方法之一。在正常情况下，大脑皮层经常具有持续的节律性的自发脑电活动，当外来刺激作用于感觉传入系统时，大脑皮层在自发脑电活动的背景上出现诱发电位。

三、材料和设备

兔、电子秤、常规手术器械、马蹄形头位固定器、计算机生物信号实验系统、大脑皮层电位引导电极、1.5%戊巴比妥钠、骨蜡。

四、方法和步骤

1. 麻醉 用1.5%戊巴比妥钠按30～40mg/kg（或10%氯醛糖乌拉坦混合麻醉剂，60～80mg/kg）体重耳缘静脉注入麻醉，麻醉深度以呼吸次数20次/min为宜（这样可以使皮层自发电位受到压抑，而诱发电位能清晰地显示出来）。

2. 浅桡神经的分离 在左前肢肘部桡侧剪毛，切开皮肤，分离出浅桡神经。

3. 暴露大脑皮层 将兔头用马蹄形头位固定器固定，头顶部剪毛，沿正中线切开头皮，暴露顶骨。在右侧顶骨矢状缝与冠状缝交界旁 2～4mm 处用骨钻和骨钳将颅骨打开，露出大脑皮层，如有出血立即用骨蜡止血。将引导电极放在右侧大脑皮层的前肢感觉代表区，电极必须很好地与皮层表面硬脑膜接触，但切不可损伤皮层表面的脑组织，接地电极放在头部皮肤切口边缘上。

4. 观察项目

（1）观察、记录大脑皮层自发脑电波。

（2）用单次刺激左前肢浅桡神经，强度由弱逐渐增强，直至引起诱发电位。诱发电位一般由先正后负的主反应电位变化和后发放（指主反应之后出现的一系列正相的周期性电位变化）两部位组成，本实验主要观察主反应，并测定最大反应点的潜伏期和振幅（在寻找最大反应点时，应固定刺激强度）。

五、注意事项

（1）麻醉深度以自发脑电稳定为准，呼吸频率以20次/min左右为宜。

（2）手术过程中尽量减少出血，切勿损伤大脑皮层。

六、思考题

1. 大脑皮层诱发电位是如何产生的？
2. 躯体感觉信号如何传入大脑皮层？

§实验40　大脑皮层运动区的定位

一、目的

通过电刺激皮层不同区域，观察大脑皮层运动区的功能定位及运动效应。

二、原理

大脑皮层是躯体运动的最高级中枢，大脑皮层的某些区域与躯体运动功能有较密切的关系，它们是控制躯体运动的运动区。这些运动区对躯体运动的调节是左右交叉的，但头面部肌肉的支配多数是双侧性的。运动区具有精细的功能定位，即刺激一定部位的皮层，将引起一定肌肉的收缩，而且功能代表区的大小与运动的精细复杂程度呈正相关。

三、材料和设备

兔、电子秤、常规手术器械、手术台、计算机生物信号实验系统、骨钻、骨钳、骨蜡、棉球、纱布、刺激电极、1.5%戊巴比妥钠、生理盐水。

四、方法和步骤

（1）麻醉：从耳缘静脉注入1.5%戊巴比妥钠30～35mg/kg（或氨基甲酸乙酯0.5～1.0g/kg）体重，麻醉后腹位固定，剪去颅顶兔毛，沿矢状线切开皮肤，暴露颅顶，用骨钻在颅顶一侧钻一小孔，再用骨钳扩大（切勿伤及矢状窦和横窦），仔细剪去硬脑膜，暴露一侧大脑皮层，用温热生理盐水浸湿的棉球轻盖在裸露的大脑皮层上，以防干燥，放松固定动物的绳索。

（2）取去盖在大脑皮层上的棉球，用适宜强度和频率的连续电刺激，顺序是从前向后，从矢状缝向外侧，依次刺激该侧大脑皮层，观察每次刺激时躯体运动反应的部位。

（3）将所观察的与躯体运动反应有关的皮层刺激点，标记在兔皮层背面观的轮廓图上。

五、注意事项

（1）作颅顶（开颅，剪去硬脑膜）手术时，要求轻而仔细，尽量少出血，如颅骨出血可用骨蜡止血。

（2）整个实验过程中，要求保持皮层表面光泽、湿润、血管纹理清晰。

（3）刺激电极勿短路，刺激强度适中，以每次刺激只出现一种躯体运动的反应为好。

（4）刺激大脑皮层引起的躯体运动反应，往往有较长的潜伏期，所以每次刺激应持续5～10s才能确定有无反应。

六、思考题

1. 大脑皮层运动区如何分布？
2. 皮层运动区如何支配躯体的运动？

§ 实验 41　去大脑僵直

一、目的

通过观察这种僵直现象，加深理解低位脑干对肌紧张的调节作用。

二、原理

脊髓是调节伸肌紧张活动的基本中枢，脑干对肌紧张具有易化和抑制作用，两者之间相互协调，使机体各肌群间维持适度的紧张性，以保持动物体的正常姿势，如在动物中脑前、后丘之间横断脑干，由于脑干网状结构抑制区失去了高位中枢的始动作用，易化区的作用相对增强，因而肌紧张反射亢进，特别伸肌反射亢进，动物表现为四肢伸直，头尾昂起，脊柱挺直的角弓反张现象，称去大脑僵直。

三、材料和设备

兔、常规手术器械、骨钻、骨钳、骨蜡、棉球纱布、刺激电极、1.5%戊巴比妥钠、生理盐水。

四、方法和步骤

（1）利用实验 40 的兔，迅速将颅骨的开口向后扩大，暴露两侧大脑半球后缘。

（2）去大脑。

方法 1：将兔头俯屈 45°，用手术刀（竹刀）紧贴大脑后缘垂直插进颅底，快速横断脑干（兔头不能动），观察动物姿势有何变化。

方法 2：暴露人字缝及顶间骨，固定兔头，使顶间骨呈水平值，用手术刀或竹刀于人字缝尖后 1mm 处垂直插入颅底，切断脑干，观察动物姿势的变化。

（3）数分钟后可见兔的四肢伸直，头尾昂起，脊柱挺硬的角弓反张现象。

五、注意事项

（1）迅速将颅骨开口向后扩大时，尽量少出血。

（2）横断脑干时，需认准部位，固定兔头，一刀切断。

六、思考题

分析去大脑僵直的机制。

§实验 42　迷路的破坏

一、目的

通过破坏迷路了解迷路在维持姿势平衡中的作用。

二、原理

迷路包括前庭和半规管两个部分，它在维持肌紧张方面起着重要的作用，若将迷路破坏，则身体位置的改变将不能引起动物对肌紧张的反射性调节，从而使机体失去平衡。

三、材料和设备

蛙、豚鼠、鸽、常规手术器械、蛙板、纱布、水盆、氯仿、乙醚。

四、方法和步骤

（一）破坏迷路的蛙

1. 观察蛙的正常姿势

（1）将蛙放在蛙板上，顺时针或逆时针转动，观察蛙头部及四肢的状态。

（2）抬高蛙板的前后左右，使蛙呈各种不同的倾斜角度，观察蛙的姿势。

（3）观察蛙停止、爬行、跳跃和游泳时的正常姿势。

2. 破坏一侧迷路　将蛙用纱布包起，拉开下颌并用纱布裹住，握于手中，用小剪刀剪开上颌黏膜，看到颅底骨两侧有两个横向的半颅底骨，用手术刀削去一侧半颅底骨的骨膜，就能看到一颗粟粒大的白点，这是迷路所在位置，用蛙针将其破坏（不要穿刺太深，以免损伤中枢神经）。重复 1 的各项实验，观察有何变化。

3. 破坏双侧迷路　用步骤 2 中方法继续破坏另一侧迷路，静待数分钟然后重复 1 的各项实验，观察其变化。

（二）破坏迷路的豚鼠

1. 观察豚鼠的正常姿势

（1）将豚鼠放在笼内或板上观察豚鼠自由活动的情况。

（2）观察正常情况下，眼球活动情况。

2. 破坏一侧迷路　使豚鼠侧卧，拽住一侧耳廓，用滴管向外耳道深处滴入氯仿 0.5mL，使该侧迷路机能消失。10～15min 后，豚鼠头部开始偏向滴入氯仿一侧，并出现眼球震颤，再让豚鼠自由活动，可观察到豚鼠作回旋运动。

（三）破坏迷路的鸽

1. 观察鸽的正常姿势

（1）将鸽放在笼内（或板上）进行旋转，观察鸽头部及全身的正常情况。

（2）将鸽放于高处，让它往下飞，观察正常飞行姿势。

2. 破坏侧迷路　用乙醚对鸽作轻度麻醉，剖开头颅一侧颞部皮肤，用手术刀慢慢削去颞部颅头骨并清除骨片，即可见三个半规管，用镊子将半规管全部折断，然后缝好皮肤，待鸽清醒后，观察 1 的项目，鸽的姿势有无变化。

五、思考题

迷路有何生理功能?

§实验 43　血–脑屏障

一、目的

证实血-脑屏障的存在。

二、原理

在毛细血管与脑组织周围间隙和脑脊液之间，存在着一种对物质交换的屏障，称为“脑屏障”，它能选择性地让某些物质透过，而另一些物质却不易透过。根据物质通过血管与脑之间界面的弥散速度和物质在脑组织中的含量等，进一步将脑屏障分成三部分：血-脑屏障；血-脑脊液屏障及脑脊液-脑屏障。实验证明，碱性染料（正电荷）易于通过血-脑屏障；而酸性染料（负电荷）则易于通过血-脑脊液屏障。血-脑屏障对于维持脑内微环境的恒定有重要的生理意义。

造成血-脑屏障的原因主要有以下几点：脑组织毛细血管的内皮细胞无窗孔，且内皮细胞之间有紧密连接，紧密连接波认为是血-脑屏障的结构基础；大多数脑组织毛细血管的外侧被一层神经胶质细胞伸出的“脚板”（血管周足）所包围，这些“脚板”也影响毛细血管的通透性，对血-脑屏障可能起辅助作用；毛细血管内皮外有一层厚约 20nm 的基膜。此外，脉络丛上皮细跑之间的闭锁小带被认为是血-脑脊液屏障的结构基础。

三、材料和设备

小鼠、1mL 注射器、剪刀、镊子、1%台盼蓝溶液。

四、方法和步骤

（1）实验组：每人取 1 只小鼠，皮下注入 1%台盼蓝 0.5mL。

（2）对照组：每组取 1 只小鼠，不做任何处理。

（3） 30min 后处死动物，作全身解剖，观察脑、脊髓与其他脏器的颜色有无区别，并与正常鼠相应器官进行比较。

五、思考题

1. 根据脑脊液与其他脏器的颜色不同，说明出现这一现象的原因。
2. 何谓血-脑屏障？其结构基础和生理意义如何？

第九章　内分泌和生殖

§实验 44　甲状腺素对蝌蚪变态的影响

一、目的

通过甲状腺素对蝌蚪变态的影响，了解甲状腺对动物发育的影响。

二、原理

蝌蚪变态的外形变化包括成对附肢的出现、两颌的角质缘脱落、尾部萎缩消失、鳃消失等。甲状腺参与这一变态过程。切除甲状腺则蝌蚪不能完成变态而长成大蝌蚪，而加喂甲状腺素（或少量新鲜甲状腺）能加速蝌蚪变态成蛙。

三、材料和设备

蝌蚪（体长 5～10mm）、甲状腺素片、10%碘化钾、水草、1L 广口瓶、漏匙、方格纸（1mm × 1mm）。

四、方法和步骤

取同时孵化的蝌蚪 15 只，分成 3 组，分别置于盛有 300mL 池塘水的广口瓶内，瓶内放置少许水草。各组的处理如下：

组别	处理内容	饲养不同天数后身体长度/mm									
		3	6	9	12	15	18	21	24	27	30
1	池塘水										
2	10%碘化钾溶液数滴										
3	甲状腺素（1～4μg/100mL）										

各瓶内的水及所加物质每隔一日换一次，甲状腺素不得加入过多，否则蝌蚪会很快死亡。测蝌蚪长度并详细观察其变态情况，做好记录。蝌蚪的长度测量可用漏匙将其舀出，放在小玻璃皿内，然后将玻璃皿置于划有方格的白纸上，测出体长。最后绘制出蝌蚪的生长曲线图。

五、思考题

通过本实验能了解到甲状腺有哪些生理功能?

§实验 45　胰岛素和肾上腺素对血糖水平的调节

一、目的

了解胰岛素和肾上腺素对血糖水平的影响。

二、原理

胰岛素由胰腺的胰岛 β 细胞分泌，它通过促进肝细胞和肌细胞对葡萄糖的摄取、贮存和利用，抑制糖异生，从而降低血糖水平。血糖的降低导致细胞缺乏可利用的糖，特别是脑组织本身的糖贮备很少，仅靠血糖提供能量，因此对低血糖非常敏感。肾上腺素能促进肝糖原和肌糖原分解，从而使血糖的浓度升高。

三、材料和设备

兔或小鼠、胰岛素、0.01%肾上腺素、20%葡萄糖、注射器等。

四、方法和步骤

（1）取饥饿 24h 的兔 2 只，称重后从耳静脉注射胰岛素 10～20U/kg 体重。经 1～2h，观察动物有无不安、呼吸局促、痉挛，甚至休克现象的发生。待低血糖症状出现时，给 1 只兔静脉注射温热的 20%葡萄糖 20mL，给另 1 只兔皮下注射 0.01%肾上腺素（按 0.4mL/kg 体重）。仔细观察实验动物行为的变化，记录结果。

（2）用小鼠进行实验时，选择体重约 20g 的小鼠 3 只，禁食 24h。皮下注射 1～2U 胰岛素后观察小鼠的活动。待小鼠出现低血糖症状如惊厥时，留 1 只作对照，其余 2 只分别进行腹腔注射（或尾静脉注射）20%葡萄糖 1mL 和皮下注射（或尾静脉注射）0.01%肾上腺素 0.1mL，观察并记录结果。

五、注意事项

动物在实验前需饥饿 24h。

六、思考题

1. 胰岛素有哪些生理功能？体内影响其分泌的主要因素是什么?

2. 为什么动物注射胰岛素后会出现精神不安、抽搐？而注射葡萄糖或肾上腺素后很快能恢复正常？

§实验 46　摘除肾上腺对动物的影响

一、目的

了解肾上腺皮质对生命活动的重要性。

二、原理

肾上腺分皮质和髓质两部分，皮质分泌糖皮质激素、盐皮质激素和性激素。糖皮质激素影响体内糖、蛋白质和脂肪的代谢，并可增强机体对有害刺激的应激能力；盐皮质激素参与水盐代谢的调节。髓质功能类似交感神经，摘除后并不危及生命。摘除两侧肾上腺后，皮质机能缺损的症状将迅速出现，动物的水盐严重丢失，循环衰竭；代谢紊乱，抵抗力下降，导致虚脱而死。

三、材料和设备

小鼠或大鼠、鼠饲养设备、外科手术器械、苦味酸溶液、70%乙醇、1%NaCl、可的松、碘酊、乙醚、烧杯、秒表。

四、方法和步骤

（1）取实验鼠 20 只，称重并编号，分成 4 组，每组 5 只。第一组为对照组（假手术组），其余为肾上腺摘除组。手术操作参见第一章部分动物生理学慢性实验手术方法介绍。

（2）4 组动物在相同条件下单笼饲养，喂以高热量和高蛋白饲料，自由饮水，室温控制在 20～25℃。

（3）摘除肾上腺对动物水盐代谢和存活率的影响：手术后，将动物按下表分组，给予相应处理一周，并记录每日情况。

组别	处理	每日情况（体重、活动状况、死亡率等）
对照组	清水	
摘除组	清水	
	0.9%NaCl	
	清水+可的松（100μg/天）	

（4）摘除肾上腺后动物运动机能与应激功能的改变：实验前两天对存活的动物

停止喂食并全部饮用清水。实验时比较各组动物的姿势、活动情况和肌肉紧张度，然后将动物分批投入冷水中记录游泳时间，下沉后立即捞出并记录恢复时间。

五、注意事项

（1）动物要编号，以免混淆。

（2）摘除肾上腺的动物抵抗力下降，应注意饲养管理。

六、思考题

1. 为什么本实验不考虑肾上腺摘除后肾上腺髓质激素和性激素缺损的影响？

2. 比较肾上腺摘除后动物出现的变化，并分析各组间效应不同的机制。

§实验 47　甲状旁腺摘除对血钙水平的影响

一、目的

观察动物摘除甲状旁腺后对血钙水平的影响，了解甲状旁腺的生理作用。

二、原理

甲状旁腺分泌的甲状旁腺激素主要参与体内钙、磷代谢的调节，维持血中钙、磷的正常水平。摘除狗的甲状旁腺后，可引起血钙下降，使神经和肌肉的兴奋性升高，导致肌肉痉挛，甚至死亡。狗的甲状旁腺一般有 4 个，呈椭圆形，其中有一对埋在甲状腺的组织中，由于甲状腺摘除的效应出现较慢，而甲状旁腺摘除后 2～3 天动物就可出现抽搐症状，因此实验中常将二者一起摘除。

三、材料和设备

狗、常用手术器械、电子秤、手术台、高压灭菌锅、麻醉剂、10%$CaCl_2$注射液、10mL 注射器、0.1%核固红液、0.1mol/L NaOH、钙标准液、盐酸、烧杯、量筒、小试管、天平、分光光度计。

四、方法和步骤

（1）手术前从狗隐静脉取血约 2mL，测定血清中钙的含量。

（2）摘除甲状旁腺（参见第一章部分动物生理学慢性实验手术方法介绍），术后每日观察狗的行动、反射及呼吸的变化。

（3）当狗出现肌肉抽搐时，立即取血分析血清中钙的含量。注意观察痉挛发展症状。

（4）当动物出现呼吸困难，全身肌肉痉挛严重时，再次取血分析血清钙含量。

（5）取血后立即自静脉注入 10%$CaCl_2$（1g/kg 体重），观察其反应。

（6）狗死后，作病理剖检，观察胃肠有无溃疡及其他变化。

【附】血清钙含量测定法

原理：血清中钙离子在碱性环境中与核固红作用，生成红色化合物，用同样方法处理钙标准液，比色可算出血清钙的含量。

试剂：0.1%核固红液、0.1mol/L NaOH、钙标准液（0.1mg/mL）。

方法：按下表加入样品和试剂

试剂/mL	空白	标准	样品
血清			0.2
钙标准液		0.2	
0.1mol/L NaOH 溶液	4	4	4
蒸馏水	0.2		
0.1%核固红溶液	1	1	1

室温放置 10min 后，用 580nm 光波比色，以空白调“0”点，读取各管光密度（OD）。

计算：$\text{Ca（mg/100mL）} = \dfrac{\text{样品管OD}}{\text{样准管OD}} \times 0.1 \times 100$

五、思考题

摘除甲状旁腺后，为什么狗出现抽搐症状？注射氯化钙后，为什么症状会减轻？

§ 实验 48　垂体摘除对体内某些内分泌腺的影响

一、目的

学习垂体摘除术，观察大鼠摘除垂体后甲状腺、肾上腺和性腺的形态和结构的变化。

二、原理

垂体前叶能合成并分泌多种促激素，作用于靶腺如甲状腺、肾上腺和性腺（睾丸和卵巢），以维持其正常形态、结构和功能。摘除垂体后，由于各种促激素缺乏，经过一段时期各靶组织开始萎缩，功能退化。

三、材料和设备

体重约 150g 大鼠、常用手术器械一套、甲醛、假手术鼠和摘除垂体鼠甲状腺、肾上腺和性腺组织切片各一套、显微镜、香柏油及擦镜纸。

四、方法和步骤

（1）大鼠称重后随机分成实验组和对照组。

（2）实验组将垂体摘除（参见第一章部分动物生理学慢性实验手术方法介绍），对照组作假手术（除垂体不摘除外，手术其他过程同实验组）。

（3）术后将两组鼠置于相同条件下饲喂。3 周后将鼠颈椎脱臼或用乙醚麻醉处死，取出甲状腺、肾上腺和性腺，测量其大小和质量，比较两组结果。

（4）将实验组和对照组鼠各 1 只，分别取出同侧甲状腺、肾上腺和性腺作组织切片。

（5）按下表要求内容在显微镜下观察组织切片，比较假手术鼠和摘除垂体鼠 3 种腺体的组织学变化见表 9.1。

表 9.1　组织切片观察要点

靶器官	观察主要内容
甲状腺	腺泡上皮细胞形态、腺胞腔胶质含量
肾上腺	皮质部各带的比例、束状带细胞及间质中毛细血管
睾丸	精小管结构、精子生成情况、间质
卵巢	皮质中各级卵泡存在情况、卵泡形态

五、注意事项

摘除垂体时手术一定要仔细，减少出血，避免动物窒息。

六、思考题

去垂体大鼠的甲状腺、肾上腺及性腺的形态和结构有何变化？原因何在？

§实验 49　雄激素对鸡冠发育的作用

一、目的

通过雄激素对鸡冠发育的影响，了解其对雄性动物副性征的作用。

二、原理

雄激素主要由睾丸的间质细胞合成和分泌，可调节雄性动物副性器官的发育和副性征。

三、材料和设备

3～4 周龄雄性雏鸡 6 只、鸡饲养设备、丙酸睾酮、卡尺、1mL 注射器、酒精棉。

四、方法和步骤

（1）动物准备：选择好 3～4 周龄同一品种、体重相近的雄性雏鸡，用卡尺测量鸡冠的长、高、厚，描述鸡冠色泽，做好记录。将雏鸡分为对照组和 2 个实验组，每组 2 只雏鸡，并做好标记。

（2）实验组 2 只雏鸡用丙酸睾酮涂抹鸡冠，每日一次。对照组涂抹植物油。1～2 周后，测量鸡冠的长、高、厚，注意鸡冠色泽，并与对照组比较，分析结果。

五、思考题

雄激素有哪些生理作用?

§实验 50　雌激素对雌性动物副性器官发育的影响

一、目的

掌握小白鼠卵巢摘除方法，了解小鼠副性器官发育与性激素的关系。

二、原理

雌性动物卵巢分泌的雌激素促进副性器官的发育，摘除卵巢或注射雌激素则可抑制或促进子宫和输卵管的发育。

三、材料和设备

未成年雌性小鼠（体重 8～10g）若干只、常用手术器械一套、乙醚、乙醇、碘酊、生理盐水、滤纸、电子天平。

四、方法和步骤

（1）全班做假手术鼠 3 只，作为对照组。

（2）每人选 1 只鼠做卵巢摘除手术。

（3）手术组另取 3 只小鼠分别注射 25μg、50μg、100μg 己烯雌酚。

（4）一周后做阴道抹片以确定该鼠处于发情周期的阶段（图 9.1）。

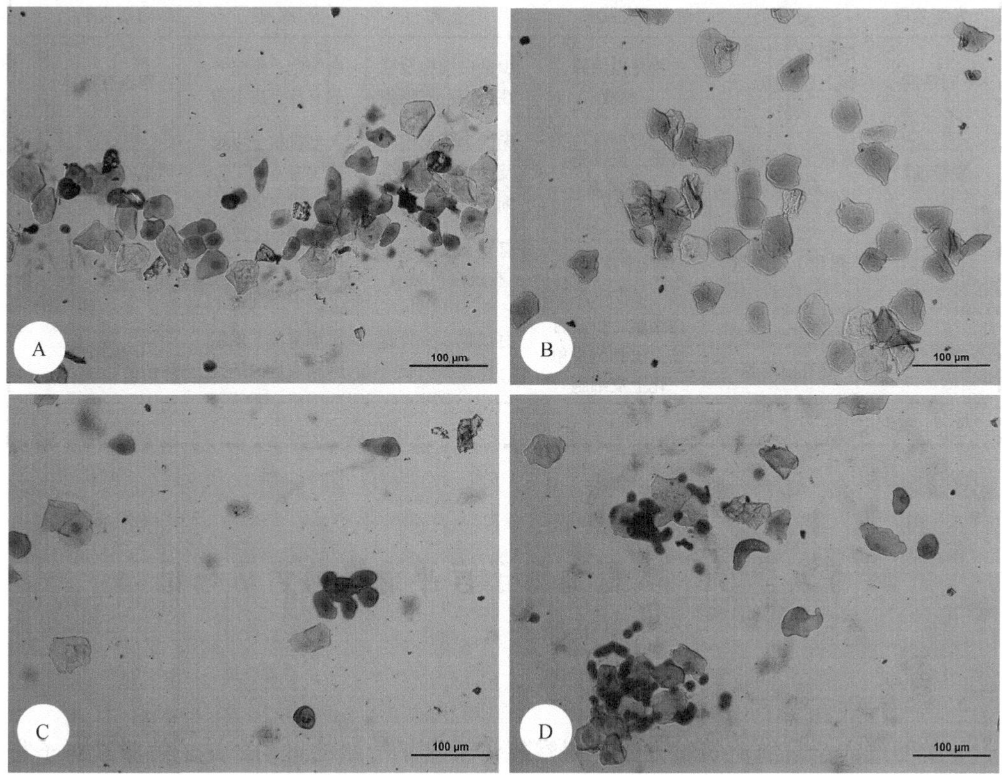

图 9.1 小鼠发情周期上皮细胞的变化

A. 发情前期；B. 发情期；C. 发情后期；D. 发情间期

（5）称量体重，然后用颈椎脱臼法处死小鼠，打开腹腔，观察实验组与对照组小鼠卵巢、输卵管、子宫和阴道的变化。

（6）剥离双侧子宫，滤纸吸去表面水分后称重，并计算子宫质量与体重的百分比。

五、注意事项

（1）卵巢摘除要完全。

（2）子宫称重前要除净周围组织。

六、思考题

1. 卵巢摘除组小鼠与对照组小鼠相比，其阴道抹片及生殖道有何变化？
2. 分析不同剂量雌激素对小鼠生殖道的作用。

【附】实验动物发情周期阴道上皮细胞和卵巢的变化

发情阶段	小鼠	大鼠	仓鼠	豚鼠	卵巢的变化
间情期	白细胞及少量有核上皮细胞、黏液	主要是白细胞、黏液	少量白细胞及变性有核上皮细胞	白细胞、不整齐的有核上皮细胞	卵巢有黄体
发情前期	有核上皮细胞，无白细胞	有核上皮细胞，无白细胞	无核多角形细胞及少量有核上皮细胞，无白细胞	大型有核上皮细胞（有空泡），少量白细胞	卵巢有卵泡发育
发情期	角化上皮细胞	角化上皮细胞	有核上皮细胞，有黄白色黏液	初期角化上皮细胞，后期混有有核上皮细胞	在晚期排卵
发情后期	有核上皮细胞，混有白细胞	白细胞、少量有核上皮细胞及角化上皮细胞	白细胞、少量有核上皮细胞	小型有核上皮细胞和大量白细胞	黄体形成

§实验 51　大鼠离体子宫平滑肌的运动描记

一、目的

学习离体子宫灌流实验方法，观察离体子宫平滑肌的运动，并了解激素对子宫平滑肌运动的影响。

二、原理

子宫平滑肌具有自动节律性，离体子宫置于适宜环境下仍能进行自动性运动。不同种属动物、个体成熟的不同程度、雌性动物发情周期的不同阶段、妊娠和分娩的不同时期等情况下，子宫运动强弱程度有所不同。雌激素能提高子宫的敏感性，催产素和前列腺素能加强子宫肌的收缩。

三、材料和设备

成年未孕雌性大鼠、常规手术器械、牙签、棉花、线、生理盐水、滴管、肾形盘、染色架、瑞氏染液、载玻片、显微镜、表面皿、注射器、台氏液、雌激素、催产素、前列腺素、鼠笼、恒温浴槽、计算机生物信号实验系统。

四、方法和步骤

（1）选一只成年未孕雌性大鼠，在实验前两天，注射己烯雌酚（0.1mg/kg 体重，每天1次）。

（2）做阴道抹片检查，观察大鼠所处发情周期的阶段。另选1只处于发情期，1只处于间情期的大鼠做实验用。

（3）仪器条件：可参考实验30。

A. 在恒温水槽内加水，使水温在30～32℃。

B. 将台氏液加入恒温浴槽内的储液筒和实验筒内。

C. 调节气泵旋钮，使气泡逐个逸出。

D. 选择合适的参数并将张力换能器与系统相接，调节整个系统处于等用状态。

（4）用颈椎脱臼法将大鼠处死。用手术剪剖开腹腔，找到两侧子宫，分别从输卵管与子宫角之间及阴道端剪下子宫，剥离其周围的结缔组织和脂肪组织后放在盛有台氏液的表面皿内。

（5）将雌激素预处理的大鼠离体子宫两端用线结扎，一端固定于固定钩上一并放入恒温浴槽实验筒底部，另一端连接在换能器上。

（6）记录离体子宫平滑肌的自动节律性收缩5～10min。

（7）向实验筒内滴加催产素注射液，待子宫肌收缩明显加强后描记收缩曲线5～10min。

（8）放出带有催产素的台氏液，更换台氏液2～3次。

（9）待子宫恢复正常收缩后，间隔10min，滴加前列腺素，同6～8项观察和记录子宫运动的变化。

（10）取发情期大鼠重复5～9项步骤，观察和记录发情期大鼠子宫肌的收缩活动。

（11）取间情期大鼠重复5～9项步骤，观察和记录间情期大鼠子宫肌的收缩活动。

（12）子宫运动的指标以强度和频率表示。强度为每次子宫肌收缩时记录的最高点的高度。频率为每10min收缩的次数。

五、注意事项

（1）要将子宫与周围其他组织剥离干净，操作过程中不要损伤子宫。

（2）空气进气量要适当，否则会影响描记。

（3）如滴加激素后子宫肌运动不易恢复，可多次更换营养槽中的台氏液。

六、思考题

总结比较在发情期和间情期大鼠离体子宫的收缩活动和不同激素的影响，并分析其原因。

§实验 52　蛙的受精及卵裂的观察

一、目的

掌握蛙精子和卵子的采集和受精的方法，并观察受精卵的发育。

二、原理

成熟的蛙精子和人工排出的卵放在一起，可发生受精，受精卵可出现卵裂并继续发育成胚胎。

三、材料和设备

成年雄蛙和雌蛙、剪刀、玻璃棒、吸管、表面皿、100mL 和 500mL 烧杯、滤纸、解剖镜、恒温水浴箱。

四、方法和步骤

（1）配制精子悬浮液：用剪刀剪开雄蛙腹部，露出精巢。剪下精巢，放入 100mL 烧杯中。再将精巢剪成碎块，加入适量林格液，用玻璃棒搅匀，即成精子悬浮液备用。

（2）制备垂体悬浮液：取蛙垂体与少量林格液混合、磨碎，即成垂体悬液。

（3）卵子采集：给雌蛙注射垂体悬浮液或激素（20～30U 人绒毛膜促性腺激素，hCG），促使其排卵。经 1～2 天后雌蛙开始排卵。从前向后轻轻挤压即将产卵的雌蛙腹部，并用 500mL 烧杯收集从泄殖孔流出的卵。观察蛙卵的形态，卵根据色素分布不同，分为呈深褐色的动物半球和乳白色的植物半球。

（4）在收集卵的烧杯内加入精子悬浮液，并用玻璃棒轻搅、摇匀，使精、卵充分接触，每间隔 15min 换净水，共 3 次。然后放置在 20℃恒温水浴箱内。

（5）用吸管取出受精卵，将其放在滤纸上轻轻滚动，除去卵外胶膜后，放入盛有清水的表面皿清洗。

（6）用吸管吸取待观察卵，移入干净表面皿内，在解剖镜下观察受精卵的形态。卵子受精以后，形成了受精膜和卵间隙。可见受精卵在卵膜内转动，一般动物半球在上方，植物半球在下方。

（7）每隔半小时，观察受精卵卵裂的不同阶段（表 9.2，图 9.2）。

五、注意事项

可用蟾蜍代替蛙，但蟾蜍刚排出体外的未受精卵色素分布较匀，不易区分动物半球和植物半球。

表 9.2　不同发育时期蛙受精卵的形态变化

发育阶段	所需时间/h	卵裂方式	形态	图示号
受精卵	0		有受精膜、卵周隙	A
2 细胞期	2～2.5	经裂	卵裂沟垂直，动物半球在上，植物半球在下	B
4 细胞期	2.5～3	经裂	分裂面与第一次分裂面相垂直	C
8 细胞期	3～4	纬裂	分裂面位于赤道面上方，与前两次分裂面相垂直。分上下两层 8 个卵裂球，上层较小，下层较大	D
16 细胞期	4～4.5	经裂	由两个分裂面将 8 个卵裂球分为 16 个卵裂球	E
32 细胞期	4.5～5.4	纬裂	由两个分裂面将上下两层 8 个卵裂球分为 4 层，每层为 8 个卵裂球，共 32 个卵裂球	F
囊胚期	5.4～16		早期，动物半球细胞小，颜色深，植物半球颜色浅而细胞大；	G
			晚期，分裂球变小，数量增加，纵切面可见偏动物半球处有囊胚腔	H

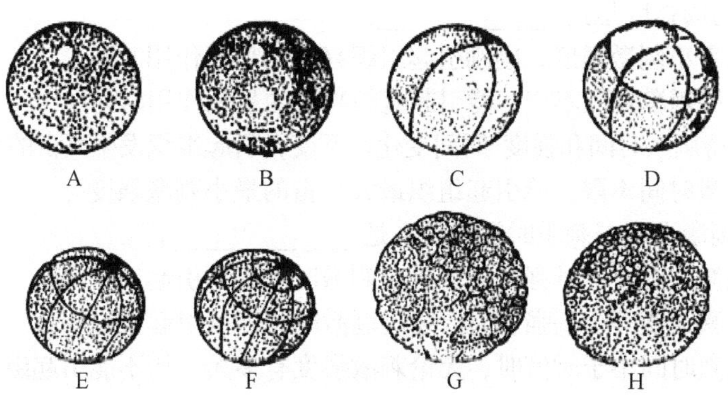

图 9.2　蛙胚胎发育图

A. 受精卵；B. 2 细胞期；C. 4 细胞期；D. 8 细胞期；E. 16 细胞期；F. 32 细胞期；G.囊胚早期；H.囊胚晚期

六、思考题

（1）描述蛙未受精卵的形态。

（2）描述在受精后不同时间所观察到的卵发育情况。

第十章　动物生理学实验试题

一、实验试题

（一）选择题

1. 判断组织兴奋性高低常用的简便指标是______________。
   A. 阈电位　　B. 时值
   C. 阈强度　　D. 刺激强度对时间的变化率
2. 刺激的阈强度是指______________。
   A. 用最小刺激强度，刚刚引起组织兴奋的最短作用时间
   B. 保持刺激强度不变，能引起组织兴奋的最短作用时间
   C. 保持刺激时间和强度-时间变化率不变，引起组织发生兴奋的最小刺激强度
   D. 刺激时间不限，能引起组织最大兴奋的最小刺激强度
3. 关于刺激强度与刺激时间的关系是______________。
   A. 刺激强度小于基强度时，延长刺激时间即可引起组织兴奋
   B. 刺激强度等于基强度时，缩短刺激时间即可引起组织兴奋
   C. 刺激时间小于时值时，无论刺激强度有多大，均不能引起组织兴奋
   D. 以上说法都不对
4. 可兴奋组织的强度-时间曲线上任何一点代表一个______________。
   A. 阈下刺激强度　B. 阈上刺激强度　C. 阈强度　D. 时值
5. 神经细胞动作电位上升支形成的离子基础是______________。
   A. Ca^{2+} 内流　B. Na^{+} 内流　C. K^{+} 外流　D. Cl^{-} 外流
6. EPSP 的性质属于______________。
   A. 动作电位　　B. 静息电位
   C. 局部去极化电位　　D. 阈电位
7. 神经-肌接头传递的阻断剂是______________。
   A. 阿托品　B. 胆碱酯酶　C. 美洲箭毒　D. 六烃季铵
8. 美洲箭毒作为肌肉松弛剂的原因是______________。
   A. 可与乙酰胆碱竞争终板膜上的受体
   B. 增加接头前膜对 Mg^{2+}的通透性
   C. 抑制 Ca^{2+}进入接头前膜
   D. 抑制囊泡移向接头前膜

9. 骨骼肌的初长度主要取决于____________。
   A. 被动张力　　B. 前负荷
   C. 后负荷　　D. 前负荷与后负荷之和

10. 在强直收缩中，肌肉的动作电位____________。
   A. 发生叠加或总和　　B. 不发生叠加或总和
   C. 幅度变大　　D. 幅值变小

11. 静止状态下，机体骨骼肌的收缩形式几乎都属于____________。
   A. 等长收缩　　B. 等张收缩
   C. 不完全强直收缩　　D. 完全强直收缩

12. 红细胞比容是指红细胞____________。
   A. 与血浆容积之比　　B. 与血管容积之比
   C. 在血液中所占的容积百分比　　D. 在血液中所占的质量百分比

13. 红细胞表面积和容积的比值与红细胞变形能力呈____________。
   A. 反变关系　　B. 正变关系　　C. 反比关系　　D. 正比关系

14. 下列生理特征中，红细胞缺乏的是____________。
   A. 渗透脆性　　B. 趋化性
   C. 可塑变形性　　D. 悬浮稳定性

15. 下列溶液中，易使哺乳动物红细胞发生溶血的是____________。
   A. 5%葡萄糖溶液　　B. 10%葡萄糖溶液
   C. 0.6% NaCl 溶液　　D. 0.9% NaCl 溶液

16. 红细胞沉降率变快的原因主要是____________。
   A. 红细胞比容增大　　B. 红细胞比容减小
   C. 血浆白蛋白含量增多　　D. 血浆球蛋白含量增多

17. 血液凝固的主要步骤是____________。
   A. 凝血酶原形成→凝血酶形成→纤维蛋白原形成
   B. 凝血酶原形成→凝血酶形成→纤维蛋白形成
   C. 凝血酶原激活物形成→凝血酶形成→纤维蛋白形成
   D. 凝血酶原激活物形成→凝血酶原形成→纤维蛋白原形成

18. 内源性凝血过程的启动因子主要是____________。
   A. Ⅲ因子　　B. Ⅴ因子　　C. Ⅹ因子　　D. Ⅻ因子

19. 肝素抗凝作用的主要原因是____________。
   A. 抑制凝血酶原的激活　　B. 增强抗凝血酶Ⅲ与凝血酶的亲和力
   C. 促进纤维蛋白吸附凝血酶　　D. 抑制因子Ⅹ的激活

20. 柠檬酸钠的抗凝作用原理是____________。
   A. 加强血浆抗凝血酶的作用　　B. 与血中 Ca^{2+} 成为不解离的络合物
   C. 抑制凝血酶活性　　D. 防止血小板破裂

21. 血凝块回缩是由于______________。

A. 血凝块中纤维蛋白收缩　　B. 红细胞发生叠连而压缩

C. 纤维蛋白降解　　D. 血小板的收缩蛋白发生收缩

22. 血小板数量减少可导致皮肤呈现出血斑点，其主要原因是血小板________。

A. 不易凝集成团

B. 释放血管活性物质的量不足

C. 不能修复并保持血管内皮细胞完整性

D. 在血液凝固中的作用减弱

23. 某人的红细胞可与 B 型人的血清凝集，但其血清与 B 型人的红细胞不凝集，此人的血型为________________。

A. A 型　　B. B 型　　C. O 型　　D. AB 型

24. 下列细胞中，吞噬能力最弱的是______________。

A. 嗜酸性粒细胞　　B. 单核细胞

C. 中性粒细胞　　D. 巨噬细胞

25. 心室肌细胞的有效不应期较长，可一直延续到______________。

A. 收缩期开始　　B. 收缩期中间　　C. 舒张期开始　　D. 舒张期结束

26. 心肌在期前收缩之后出现代偿间歇的原因是窦房结发出的节律性兴奋____。

A. 延迟发放　　B. 少发放一次

C. 传出速度减慢　　D. 落在期前收缩的有效不应期内

27. 心肌不会产生强直收缩，其原因是______________。

A. 心肌呈“全或无”收缩　　B. 心肌肌浆网不发达，Ca^{2+} 贮存少

C. 心肌的有效不应期特别长　　D. 心肌可发生节律性收缩

28. 哺乳动物心脏的正常起搏点是______________。

A. 窦房结　　B. 心房肌　　C. 房室结　　D. 心室肌

29. 下列心肌中，传导速度最慢的是______________。

A. 心房肌　　B. 房室交界　　C. 心室肌　　D. 浦肯野纤维

30. 房室延搁的生理意义主要是______________。

A. 使心室肌不会产生完全强直收缩　　B. 增强心肌收缩力

C. 使心室肌有效不应期延长　　D. 使心房和心室不发生同时收缩

31. 关于窦房结对潜在起搏点的超速驱动压抑作用，下列叙述错误的是______。

A. 使潜在起搏点自律性降低

B. 其机制是引起潜在起搏点心肌超极化

C. 使窦房结以外自律性心肌不能表现自律性

D. 窦房结突然停搏时，原潜在起搏点立即起搏

32. 心电图的各段时间中，最长的是______________。

A. P-R 段　　B. P-R 间朗　　C. Q-T 间期　　D.QRS 波群时间

33. 血液中 CO_2 对呼吸的调节作用主要是通过____________。
A. 刺激延髓腹外侧浅表部位　B. 直接刺激呼吸中枢
C. 刺激脑桥调整中枢　D. 刺激延髓运动神经元

34. 低氧对呼吸的刺激作用是通过____________。
A. 直接兴奋延髓吸气神经元
B. 直接兴奋脑桥调整中枢
C. 外周化学感受器所实现的反射性效应
D. 刺激中枢化学感受器而兴奋呼吸中枢

35. 动脉血中 H^+浓度升高而兴奋呼吸的主要途径是通过____________。
A. 刺激中枢化学感受器
B. 刺激颈动脉体和主动脉体化学感受器
C. 刺激颈动脉窦主和动脉弓压力感受器
D. 刺激脑桥呼吸中枢

36. 在动脉血中 CO_2 分压轻度升高而引起肺通气量增加的反射中，下列最为重要的感受器是____________。
A. 颈动脉体化学感受器　B. 主动脉体化学感受器
C. 肺牵张感受器　D. 延髓化学感受器

37. 切断双侧迷走神经后，动物呼吸发生的变化是____________。
A. 呼吸频率加快
B. 血液二氧化碳分压暂时升高
C. 呼吸幅度减小
D. 呼吸变深变慢

38. 家畜参与平静吸气的肌肉主要是____________。
A. 肋间外肌与膈肌　B. 肋间内肌与腹壁肌
C. 肋间外肌与腹壁肌　D. 肋间内肌与膈肌

39. 可被阿托品阻断的受体是____________。
A. α 受体　B. β 受体　C. M 受体　D. N 受体

40. 血液中可使呼吸运动增强的最敏感因素是____________。
A. P_{O_2} 下降　B. 乳酸增多　C. P_{CO_2} 升高　D. $[H^+]$增加

41. 胃肠道平滑肌的节律性收缩频率主要取决于____________。
A. 动作电位的幅度　B. 动作电位的频率
C. 慢波的幅度　D. 慢波的频率

42. 胆汁中参与消化脂肪的关键成分是____________。
A. 胆盐　B. 胆色素　C. 水和无机盐　D. 胆固醇

43. 下列关于胃蠕动的叙述，正确的是____________。
A. 空腹时基本不发生　B. 起始于胃底部

C. 促胰液素可增强胃蠕动　　D. 交感神经兴奋增强胃的蠕动

44. 下列关于分节运动的叙述，错误的是____________。

A. 是一种以环形肌为主的节律性舒缩活动

B. 是小肠所特有的

C. 空腹时有明显分节运动

D. 推进食糜的作用不明显

45. 下列因素中，不能刺激胆汁分泌与排放的是____________。

A. 迷走神经兴奋　　B. 缩胆囊素

C. 交感神经兴奋　　D. 促胰液素

46. 下列溶液中，对哺乳动物离体小肠最适宜的灌流液是____________。

A. 5% 葡萄糖溶液　　B. 0.9% NaCl 溶液

C. 台氏液　　D. 林格液

47. 家兔十二指肠腔内注入 20mL 的 0.5%盐酸，可引起____________。

A. 胰液和胆汁分泌减少

B. 胰液和胆汁分泌增加

C. 胰液分泌不变、胆汁分泌增加

D. 胆汁分泌不变、胰液分泌增加

48. 引起促胰液素释放的因素由强至弱的顺序排列为____________。

A. 蛋白质分解产物、脂酸钠、盐酸

B. 蛋白质分解产物、盐酸、脂酸钠

C. 盐酸、蛋白质分解产物、脂酸钠

D. 盐酸、脂酸钠、蛋白质分解产物

49. 迷走神经兴奋引起的胰液分泌的特点是____________。

A. 水分少、碳酸氢盐和酶含量显著增加

B. 水分和碳酸氢盐含量少、酶含量显著增加

C. 水分、碳酸氢盐和酶含量均显著增加

D. 水分、碳酸氢盐和酶含量均少

50. 给家兔静脉注射 10mL 胆汁，可引起____________。

A. 胰液和胆汁都减少

B. 胰液和胆汁都增加

C. 胰液分泌不变、胆汁分泌增加

D. 胆汁分泌不变、胰液分泌增加

51. 下列关于呼吸商的描述中，正确的是____________。

A. 一定时间内机体吸入 O_2 量与呼出 CO_2 量的比值

B. 计算呼吸商时，O_2 量和 CO_2 量的单位用摩尔或升均可

C. 脂肪的呼吸商约为 1.0

D. 蛋白质呼吸商约为 0.7

52. 基础代谢率简略法测定的计算公式是____________。

A. 食物的氧热价 × 每小时耗氧量/体表面积

B. 食物的氧热价 × 每小时耗氧量/体重

C. 食物的氧热价 × 每小时耗氧量/身高

D. 食物的卡价 × 食物的氧热价/体表面积

53. 食物的氧热价是指____________。

A. 1g 食物氧化时所释放的能量

B. 食物氧化时消耗 1L 氧时所释放的能量

C. 体外燃烧 1g 食物所释放的能量

D. 氧化 1g 食物，消耗 1L 氧时所释放的能量

54. 下列选项中，机体安静时能量代谢最低的环境温度是____________。

A. 0～10℃　B. 10～20℃　C. 20～25℃　D.30～40℃

55. 原尿与血浆的主要区别是____________。

A. 葡萄糖浓度　B. NaCl 浓度　C. 蛋白质浓度　D. 晶体渗透压

56. 机体大量出汗时尿量会减少，其主要原因是____________。

A. 血浆晶体渗透压升高，引起抗利尿激素分泌

B. 血浆晶体渗透压降低，引起抗利尿激素分泌

C. 交感神经兴奋，引起抗利尿激素分泌

D. 血容量减少，导致肾小球滤过减少

57. 大量饮用清水后尿量增多的主要原因是____________。

A. 血浆胶体渗透压降低　B. 抗利尿激素分泌减少

C. 肾小球滤过率增加　D. 囊内压降低

58. 影响尿液浓缩的主要激素是____________。

A. 肾素　B. 血管紧张素　C. 抗利尿激素　D. 醛固酮

59. 家兔静脉注射 10mL 20%葡萄糖溶液后尿量会显著增多，其主要原因是________。

A. 肾小管溶液中溶质浓度增高　B. 肾小球滤过率增加

C. 抗利尿激素分泌增加　D. 肾小球有效滤过压增高

60. 交感神经兴奋时，肾血流量的变化趋势是____________。

A. 不变　B. 增多　C. 减少　D. 先减少后增多

61. 反射时的长短主要取决于____________。

A. 刺激的强度　B. 感受器的敏感性

C. 传入与传出纤维的传导速度　D. 中枢突触的数目

62. 屈肌反射和肌紧张相比，下列正确的是____________。

A. 感受器相同

B. 引起反射的刺激性质相同

C. 前者的效应器为屈肌，后者主要为伸肌

D. 都是短暂的反射活动

63. 屈肌反射与腱反射相比，下列正确的是____________。

A. 感受器相同

B. 引起反射的刺激性质相同

C. 前者的效应器都是屈肌，后者的都是伸肌

D. 都是短暂的反射活动

64. 交感神经节前纤维释放的递质是____________。

A. 乙酰胆碱　B. 去甲肾上腺素　C. 5-羟色胺　D. γ-氨基丁酸

65. 支配心脏的交感神经节后纤维所释放的递质是____________。

A. 肾上腺素　B. 去甲肾上腺素　C. 多巴胺　D. 乙酰胆碱

66. 发生去大脑僵直现象的主要原因是由于切除了____________。

A. 大部分脑干网状结构抑制区

B. 大部分脑干网状结构易化区

C. 皮层运动区-纹状体-网状结构间的功能联系

D. 网状结构-小脑间的联系

67. 切除肾上腺引起动物死亡的主要原因是由于缺乏____________。

A. 去甲肾上腺素　B. 糖皮质激素

C. 肾上腺素　D. 糖皮质激素和盐皮质激素

68. 摘除肾上腺后动物血液中促肾上腺皮质激素浓度升高，这说明糖皮质激素对腺垂体促激素的分泌存在____________。

A. 神经-体液调节　B. 神经调节

C. 负反馈控制　D. 正反馈控制

69. 下列关于胰岛激素相互作用的叙述，错误的是____________。

A. 生长抑素抑制胰高血糖素的分泌

B. 胰高血糖素抑制胰岛素的分泌

C. 胰高血糖素促进胰岛素的分泌

D. 胰高血糖素促进生长抑素的分泌

70. 下列关于胰岛素的描述中，错误的是____________。

A. 促进葡萄糖转变成脂肪酸

B. 维持正常代谢和生长

C. 促进脂肪和蛋白质的分解和利用

D. 促进糖的贮存和利用，使血糖降低

71. 下列选项中，调节胰岛素分泌的作用最显著的是____________。

A. 血中游离脂肪　B. 血糖浓度

C. 肾上腺素　D. 胃肠道激素

72. 在甲状腺的合成物中，生物活性最强的是＿＿＿＿＿＿。

A. 一碘甲腺原氨酸　　B. 二碘甲腺原氨酸

C. 三碘甲腺原氨酸　　D. 四碘甲腺原氨酸

73. 下列关于甲状旁腺激素生理作用中，正确的是＿＿＿＿＿＿。

A. 降低血钙、降低血磷　　B. 降低血钙、升高血磷

C. 升高血钙、升高血磷　　D. 升高血钙、降低血磷

（二）名词解释

1. 兴奋　2. 时值　3. 临界融合频率　4. 阈强度　5. 绝对不应期
6. 相对不应期　7. 基强度　8. 动作电位　9. 等长收缩　10. 等张收缩
11. 单收缩　12. 不完全强直收缩　13. 完全强直收缩　14. 红细胞比容
15. 红细胞悬浮稳定性　16. 红细胞沉降率　17. 血液凝固　18. 抗凝系统
19. 生理性止血　20. 交叉配血实验　21. 房室延搁　22. 有效不应期
23. 期前收缩　24. 代偿间歇　25. 正常起搏点　26. 潜在起搏点
27. 平均动脉压　28. 收缩压　29. 舒张压　30. 脉压　31. 中心静脉压
32. 微循环　33. 压力感受性反射　34. 无效腔　35. 生理无效腔
36. 胸膜腔内压　37. 外周化学感受器　38. 吸收　39. 胃容受性舒张
40. 蠕动　41. 分节运动　42. 蠕动冲　43. 能量代谢　44. 食物的卡价
45. 食物的氧热价　46. 呼吸商　47.基础代谢率　48. 渗透性利尿
49. 水利尿　50. 反射　51. 交互抑制　52. 牵张反射　53. 腱反射
54. 肌紧张　55. 去大脑僵直　56. 皮层诱发电位　57. 内分泌
58. 激素　59. 应激反应　60. 应急反应

（三）问答题

1. 设计实验证明骨骼肌单收缩和复合收缩的振幅不同。

2. 为何神经-肌肉标本中肌肉收缩在一定范围内可随刺激强度的增加而增强？

3. 用阈强度和阈上刺激分别刺激单根神经纤维与神经干时，其记录的电变化有何不同？为什么？

4. 电刺激坐骨神经-腓肠肌标本的神经后，从电刺激神经到引起肌肉收缩的整个过程中依次发生了哪些生理活动？

5. 将生活在室温蟾蜍的神经干置于 4℃的林格液中浸泡 5min 后，强度-时间曲线将会如何变化？为什么？

6. 如何测定骨骼肌发生完全强直收缩所需的电刺激融合频率？简要写出实验步骤，预测并分析实验结果。

7. 脊蛙的后腿受到相继的两个阈下刺激（略低于阈强度）的刺激后，可能会发生什么变化？为什么？

8. 如何测定红细胞比容？哪些因素可影响红细胞比容？

9. 什么是红细胞悬浮稳定性？如何测定？

10. 设计实验证明纤维蛋白原在凝血中的作用。

11. 设计实验证明加速或延缓血液凝固的方法（2～3 种）。

12. 设计实验证实心肌有较长的有效不应期。

13. 设计实验分析蛙心兴奋的正常起搏点及传导方向，以及各部分自律性的高低。

14. 在蛙心灌注实验中，逐级升高林格液 K^+浓度时，心肌的兴奋性和传导性有何变化？为什么？

15. 正常情况下窦房结如何控制潜在起搏点的活动？有何生理意义？

16. 设计实验证明组胺和肾上腺素对毛细血管的影响。

17. 如何证明心血管中枢有紧张性活动？如何证明支配心脏的神经中以心迷走神经的紧张性占优势？

18. 在严重缺 O_2、CO_2潴留、酸中毒或窒息的情况下，机体的动脉血压会发生什么变化？

19. 夹闭一侧颈总动脉后，家兔的动脉血压有何变化？为什么？

20. 电刺激家兔完整的减压神经时，动脉血压有何变化？若再分别刺激减压神经向中端及向心端又会引起什么变化？为什么？

21. 静脉注射肾上腺素或乙酰胆碱后，动物的血压和心率会发生什么变化？为什么？

22. 切断家兔的双侧颈迷走神经对呼吸的影响如何？为什么？

23. 试述动脉血中 CO_2 分压升高、O_2 分压下降或$[H^+]$升高对呼吸的影响，其机制如何？

24. 试述胸膜腔内负压的形成原因及生理意义。

25. 注入 2mL 的 3%乳酸后，家兔的呼吸运动有何变化？

26. 家兔吸入较多 CO_2 后呼吸运动有何变化？为什么？

27. 在家兔的气管插管上连接一根长 20cm、内径 1cm 的橡皮管，家兔的呼吸运动有何改变？为什么？

28. 参与呼吸调节的化学感受器有哪些？

29. 设计实验证明阿托品可阻断乙酰胆碱对家兔小肠平滑肌收缩的作用。

30. 如何证明促进小肠运动的主要神经是迷走神经？

31. 简述单胃动物胃运动的形式及其生理意义。

32. 胆汁成分中与消化有关的物质有哪些？各有何作用？胆汁的分泌和排出是如何调节的？

33. 什么是基础代谢率？基础代谢率的正常范围和临床意义是什么？

34. 设计实验测定小动物的耗氧量。

35. 设计实验比较水利尿和渗透性利尿的不同。

36. 电刺激家兔迷走神经的外周端，尿量有何变化？为什么？
37. 静脉注射肾上腺素对家兔的尿量有何影响？
38. 饮大量生理盐水或清水后，动物的尿量会发生什么变化？为什么？
39. 大量出汗后尿量会发生什么变化？为什么？
40. 静脉注射20%甘露醇或20%葡萄糖对尿量有何影响？为什么？
41. 家兔去大脑僵直为何表现为伸肌肌紧张增强，而不表现屈肌的肌紧张增强？
42. 简述脊蛙的缩腿反射实验的基本过程。
43. 设计实验证明胰岛素和肾上腺素对血糖水平有不同的调节作用。
44. 设计实验证明肾上腺对动物生命活动及应激反应中的调节作用。
45. 胰岛素和胰高血糖素是如何相互作用来维持机体血糖水平的稳定的？
46. 参与机体应激反应的激素有哪些？其作用机制如何？

（四）实验考试例题

全国硕士研究生入学统一考试农学门类联考——动物生理学实验题例题。

1. 设计实验证明增加肾小管溶质浓度可阻碍肾小管对水的重吸收。请简要写出实验方法与步骤，并分析预测结果。

2. 设计实验证明小肠内渗透压是影响小肠吸收的重要因素。简要写出实验方法与步骤，预测并分析实验结果。

3. 设计实验证明蟾蜍的心肌不会发生强直收缩。简要写出实验方法与步骤，预测并分析实验结果。

4. 设计实验证明环境温度对蛙或蟾蜍神经干动作电位的传导速度有影响。要求简要写出实验方法与步骤，预测并分析实验结果。

5. 设计实验证明蛙心不同自律组织的自律性存在差异。简要写出实验方法与步骤，预测并分析实验结果。

6. 以家兔为实验对象，设计实验证明血浆胶体渗透压是阻碍尿生成的因素。要求简要写出实验方法与步骤，预测并分析实验结果。

7. 用适量的乙酰胆碱处理可使家兔离体小肠平滑肌收缩活动加强，而阿托品可阻断乙酰胆碱的这种作用。设计实验证明阿托品的这种作用，要求简要写出实验方法与步骤，预测并分析实验结果。

二、实验试题答案

（一）选择题

1. C；2. C；3. D；4. C；5. B；6. C；7. C；8. A；9. B；10. B；11. D；12. C；13. B；14. B；15. C；16. D；17. C；18. C；19. B；20. B；21. D；22. C；23. D；24. A；25. C；26. D；27. C；28. A；29. B；30. D；31. D；32. C；33. A；34. C；35. B；36. D；

37. D；38. A；39. C；40. C；41. D；42. A；43. A；44. C；45. C；46. C；47. B；48. C；49. B；50. C；51. B；52. A；53. B；54. C；55. C；56. A；57. B；58. C；59. A；60. C；61. D；62. C；63. D；64. A；65. B；66. C；67. D；68. C；69. B；70. C；71. B；72. C；73. D

（二）名词解释题

1. 兴奋：机体的组织或细胞受到刺激后，从相对静止状态转变为活动状态，或由较弱的活动状态转变为较强的活动状态，这一过程叫做兴奋，以动作电位的出现为指标。

2. 时值：用两倍基强度的刺激使组织发生兴奋所需的最短刺激时间。

3. 临界融合频率：随着刺激频率的增加，骨骼肌收缩表现为单收缩、不完全强直收缩、完全强直收缩。引起完全强直收缩时的最小刺激频率即为临界融合频率。

4. 阈强度：固定刺激时间和刺激强度对时间的变化率，能引起细胞产生动作电位的最小刺激强度称阈强度。

5. 绝对不应期：细胞在接受一次刺激而发生兴奋的当时和随后的一个短时间内，其兴奋性降低为零，对无论多强的刺激都不发生反应，此时期称绝对不应期。

6. 相对不应期：在绝对不应期后，一些失活的 Na^+通道开始恢复，此时高于阈强度的刺激可引起新的兴奋，故称为相对不应期。

7. 基强度：在刺激时间足够长的情况下，引起可兴奋细胞产生动作电位的最小刺激强度。

8. 动作电位：细胞受到适宜的刺激时，膜电位发生迅速的扩布性电位变化，称为动作电位，包括去极化和复极化两个过程。

9. 等长收缩：肌肉收缩时长度保持不变而只有张力的增加的收缩方式。

10. 等张收缩：肌肉收缩时只有长度缩短，张力保持不变的收缩方式。

11. 单收缩：肌细胞受到一次有效刺激，产生一次动作电位而引起的一次机械收缩和舒张的过程。

12. 不完全强直收缩：骨骼肌受到频率相对较低的连续刺激时，收缩反应总和过程发生于前一次收缩过程的舒张期，表现为收缩不完全相互融合，称不完全强直收缩。

13. 完全强直收缩：骨骼肌受到频率较高的连续刺激时，总和过程发生在前一次收缩过程的收缩期，表现为完全强直收缩。

14. 红细胞比容：抗凝血在比容管内以 3000r/min 的速度离心 30min 后血细胞在全血中所占的容积百分比，叫做红细胞比容，又叫红细胞压积。

15. 红细胞悬浮稳定性：将抗凝血静置于一支小试管中，红细胞比重稍大于血浆而缓慢下沉，说明红细胞有一定的悬浮稳定性。

16. 红细胞沉降率：将抗凝血置于一垂直竖立的血沉管内，由于红细胞比重较血浆大，红细胞将逐渐下沉。在一定时间内，红细胞沉降的距离，叫红细胞沉降率。

17. 血液凝固：血液由流动的溶胶状态变成不能流动的胶冻状凝块的过程。

18. 抗凝系统：血液中阻止血液凝固的系统，包括多种丝氨酸蛋白酶抑制物、蛋白质 C 系统，组织因子途径抑制物和肝素等。

19. 生理性止血：血液从损伤的小血管流出数分钟后将自行停止，这一过程称生理性止血。

20. 交叉配血实验：把供血者的红细胞与受血者的血清进行配合，再将受血者的红细胞与供血者的血清相配合，以观察有无红细胞凝集的实验，称交叉配血实验。

21. 房室延搁：房室交界区细胞传导性很低，交界区的缓慢传导使兴奋在这里延搁一段时间才向心室传导，称房室延搁。

22. 有效不应期：从动作电位 0 期开始到 3 期复极化至−60mV 的这段时期内，膜的兴奋性丧失，不能产生动作电位的时期，称有效不应期。

23. 期前收缩：在心室肌有效不应期之后，下一次窦房结兴奋到达之前，心室受到一次人为的或来自窦房结以外的刺激，则产生的一次提前出现的兴奋而收缩，称期前收缩。

24. 代偿间歇：在一次期前收缩之后出现较长的心室舒张期，称代偿间歇。

25. 正常起搏点：窦房结是主导整个心脏兴奋和搏动的正常部位，称正常起搏点。

26. 潜在起搏点：正常情况下，窦房结以外的心脏自律性组织并不能表现出它们自身的自律性，只是起着传导兴奋的作用，称潜在起搏点。

27. 平均动脉压：一个心动周期中每一瞬间动脉血压的平均值，称为平均动脉压。平均动脉压大约等于舒张压加 1/3 脉压。

28. 收缩压：心室收缩射血时，动脉血压快速上升所达到的最高值。

29. 舒张压：心室舒张时，动脉血压降低，在心舒末期所达到的最低值。

30. 脉压：收缩压和舒张压之差，简称为脉压。

31. 中心静脉压：指胸腔大静脉和右心房的血压。

32. 微循环：指微动脉和微静脉之间的血液循环，其基本功能是进行血液与组织液之间的物质交换。

33. 压力感受性反射：当动脉血压升高时，牵张刺激颈动脉窦和主动脉弓的压力感受器而反射性引起动脉血压的下降，又称减压反射。

34. 无效腔：通常将鼻、咽、喉、气管、支气管等呼吸道称为解剖无效腔；进入肺泡而未能发生气体交换的这部分肺泡容量，称为肺泡无效腔。

35. 生理无效腔：解剖无效腔和肺泡无效腔之和。

36. 胸膜腔内压：指胸膜腔内的压力。平静呼吸过程中胸膜腔内压总是低于大气压，称胸膜腔内负压。

37. 外周化学感受器：指颈动脉体和主动脉体，能直接感受血液中 P_{CO_2}、H^+浓度

及 P_{O_2} 的变化。

38. 吸收：食物经过消化后，透过消化道的黏膜，进入血液和淋巴循环的过程。

39. 胃容受性舒张：当咀嚼和吞咽时，食物对咽、食管等处感受器的刺激，可通过迷走神经发射性地引起胃底和胃体肌肉的舒张。胃壁肌肉的这种活动，称胃的容受性舒张。

40. 蠕动：肠段的一种速度缓慢的波浪式推进运动方式。

41. 分节运动：是小肠的一种以环形肌为主的节律性收缩和舒张运动，主要起混合食物的作用。

42. 蠕动冲：小肠内行进速度很快、传播较远的蠕动，可将食糜从小肠的始端一直推进到末端，有时还可推送入大肠。

43. 能量代谢：生物体内物质代谢过程中所伴随的能量释放，转移和利用等过程。

44. 食物的卡价：1g 营养物质在动物体内完全氧化分解或在体外燃烧时所放出的能量。

45. 食物的氧热价：将某种营养物质氧化时，消耗 1L O_2 所产生的热量。

46. 呼吸商：机体在一定时间内呼出的 CO_2 量与摄入的 O_2 量的容积比（CO_2/O_2）。

47. 基础代谢率：在基础状态下即清晨、清醒、静卧，未做肌肉活动，无精神紧张，禁食 12h 以上，室温在 20～25℃，机体单位时间的能量代谢率。

48. 渗透性利尿：小管液中溶质的浓度增大，渗透浓度随之升高，就会阻碍肾小管对水的重吸收，排出尿量增多，这种利尿现象称渗透性利尿。

49. 水利尿：大量饮清水后引起的尿量增多的现象，其原因是血浆晶体渗透压下降所致。

50. 反射：是指在中枢神经系统参与下，机体对内、外环境刺激的规律性应答。

51. 交互抑制：指一条传入纤维的冲动进入中枢后，一方面直接兴奋某一中枢神经元，另一方面通过其侧支兴奋另一抑制性中间神经元，然后通过抑制性中间神经元的活动转而抑制另一中枢神经元。其作用在于使不同中枢之间的活动协调起来。这种抑制称交互抑制。

52. 牵张反射：骨骼肌受到外力牵拉时引起受牵拉的同一肌肉收缩的反射活动。

53. 腱反射：是指快速牵拉肌腱时引起的牵张反射。

54. 肌紧张：是指缓慢持续牵拉肌腱时引起的牵张反射，表现为受牵拉的肌肉发生轻度、持续的紧张性收缩，以阻止被拉长。

55. 去大脑僵直：在中脑上、下丘脑之间切断脑干后，动物出现抗重力肌（伸肌）的肌紧张亢进，表现为四肢伸直、头尾昂起、脊柱挺硬的现象，称去大脑僵直。

56. 皮层诱发电位：是指感觉传入系统受到刺激时，在大脑皮层某一区域内引起的较为局限的电位变化，称皮层诱发电位。

57. 内分泌：某些腺体或细胞能分泌高效能的生物活性物质，通过血液或其他体液途径作用于靶细胞，从而调节机体的功能活动，这种有别于通过导管排出腺体分泌物的现象，称内分泌。

58. 激素：由内分泌或散在的内分泌细胞所分泌的高效能的生物活性物质，经组织液或血液传递而发挥其调节作用，此种化学物质称激素。

59. 应激反应：是指当机体受到各种有害刺激（创伤、感染、中毒、疼痛、缺氧、手术、寒冷、恐惧等）时，以 ACTH 和糖皮质激素分泌为主体，多种激素协同，共同提高机体对有害刺激耐受力的非特异性反应。

60. 应急反应：是指当机体运动、低血糖、低血压、寒冷及精神紧张（恐惧和愤怒）时，通过交感神经兴奋，肾上腺髓质分泌肾上腺素和去甲肾上腺素增加，而导致供给机体在紧急状态所需要的营养物质增加，并出现相应的防御性和攻击性行为的反应。

（三）问答题

1. 设计实验证明骨骼肌单收缩和复合收缩的振幅不同。

答：（1）蟾蜍毁脑和脊髓，分离腓肠肌和坐骨神经，连接仪器。

（2）选择刺激方式，分别找出相应的阈刺激、阈上刺激与最大刺激的强度值。

（3）以阈上刺激对腓肠肌标本进行单刺激，记录收缩强度。

（4）采用连续刺激记录肌肉不完全强直收缩和完全强直收缩的强度。

肌肉受到一次刺激，爆发一次动作电位，引起一次单收缩。如果每次刺激的间隔时间大于肌肉收缩缩短期和舒张期之和，则肌肉出现一连串单收缩，就可以得到锯齿状收缩。如果增加刺激频率，使后一个刺激落在前一个收缩的缩短期内，肌肉处于连续收缩状态，产生完全强直收缩。结果发现骨骼肌单收缩和复合收缩的振幅不同。

2. 为何神经-肌肉标本中肌肉收缩在一定范围内可随刺激强度的增加而增强？

答：坐骨神经干中含有数十万条粗细不等的神经纤维，其兴奋性各不相同。弱刺激只能使其中少数兴奋性高的神经纤维先兴奋，并引起它所支配的少量肌纤维收缩。随着刺激强度逐渐增大，发生兴奋的神经纤维数目逐渐增多，其所引起收缩的肌纤维数目也增多，结果肌肉收缩幅度随刺激强度的增加而增强。当刺激达到最适强度时，神经干中全部神经纤维都发生兴奋，它们所支配的全部肌纤维也都发生兴奋和收缩，从而引起肌肉的最大收缩强度。此后，若再增加刺激强度，肌肉收缩幅度将不再增加。

3. 用阈强度和阈上刺激分别刺激单根神经纤维与神经干时，其记录的电变化有何不同？为什么？

答：动作电位幅度不相同。①用不同的刺激强度刺激神经干时，动作电位的幅度将随刺激强度的增大而呈等级性反应。神经干是由许多条兴奋性不同的神经纤维组成。当刺激达到某一最适强度时，可使神经干中所有的纤维都兴奋，此时动作电位的幅度达到最大值。再增大刺激强度，动作电位幅度不再增大。②单根神经纤维的动作电位呈“全或无”现象。刺激强度达到阈值，就产生固定幅度的动作电位。再给予阈上刺激，动作电位幅值也不随之增大。

4. 电刺激坐骨神经-腓肠肌标本的神经后，从电刺激神经到引起肌肉收缩的整个过程中依次发生了哪些生理活动？

答：从电刺激神经到引起肌肉收缩历经下列变化过程：①刺激引起坐骨神经产生动作电位；②动作电位沿坐骨神经以跳跃式传导至末梢；③兴奋在神经-肌肉接头处的传递；④骨骼肌兴奋收缩-耦联，肌细胞胞质内 Ca^{2+}浓度迅速增高；⑤胞质内 Ca^{2+}与肌钙蛋白结合，诱发肌丝滑行，肌肉收缩；⑥肌质网膜上 Ca^{2+}泵活动的结果，使胞质内 Ca^{2+}浓度恢复，肌肉出现舒张。

5. 将生活在室温蟾蜍的神经干置于 4℃的林格液中浸泡 5min 后，强度-时间曲线将会如何变化？为什么？

答：作为两栖类动物的蟾蜍，其神经干传导兴奋的最适宜温度在正常室温范围内。当处于 0℃时，神经纤维基本上失去传导兴奋的能力. 所以将神经干置于 4℃的林格液中浸泡 5min 后，神经干的基强度将显著增大，时值明显延长，其强度-时间曲线将会发生显著的右上方位移。

6. 如何测定骨骼肌发生完全强直收缩所需的电刺激融合频率？简要写出实验步骤，预测并分析实验结果。

答：①毁损蟾蜍的脑和脊髓，分离腓肠肌和坐骨神经，连接仪器；②以单刺激方式测出阈强度，然后以自动频率调节方式进行，刺激强度为阈上刺激；③记录肌肉收缩曲线。

预测并分析实验结果：若刺激间隔小于肌肉收缩活动的收缩期则肌肉发生完全强直收缩。肌肉发生完全强直收缩时的最低刺激频率即为引起腓肠肌完全强直收缩所需的融合频率。

7. 脊蛙的后腿受到相继的两个阈下刺激（略低于阈强度）的刺激后，可能会发生什么变化？为什么？

答：（1）可能无任何反应，原因是两次刺激间隔太长或刺激强度太弱，均达不到阈值。

（2）也可能出现后腿收缩，原因是两次刺激间隔很短，两次阈下刺激产生了去极化总和，达到了阈值，反射性引起后腿肌肉收缩。

8. 如何测定红细胞比容？哪些因素可影响红细胞比容？

答：（1）抽取家兔血液，放入已加抗凝剂的试管内。

（2）用长针头吸取抗凝血，从底部开始缓慢加入到温氏分血管中至管口刻度 10。

（3）将分血管放入离心机中，3000r/min 离心 30min，取出离心管测定血细胞柱的高度及细胞加血浆的高度。

（4）然后按下面公式计算比容。

$$红细胞比容（\%）=\frac{血细胞高度（mm）}{血细胞高度（mm）+血浆高度（mm）}\times 100$$

动物物种、年龄、性别、低氧环境、某些疾病、机体缺水状况、抗凝血成分分布不匀等都会影响红细胞比容。

9. 什么是红细胞悬浮稳定性？如何测定？

答：红细胞能稳定地悬浮于血浆中而不易下沉，这种特性称红细胞悬浮稳定性。

测定：血液经肝素处理后置于血沉管中垂直静置，由于红细胞比重大于血浆，将因重力而下沉。通常以红细胞在第 1h 内下沉的距离（mm/h）表示红细胞沉降的速度。红细胞悬浮稳定性与红细胞沉降率呈反比关系。

10. 设计实验证明纤维蛋白原在凝血中的作用。

答：取新鲜血液 50mL 放入烧杯中，用带有开叉橡皮管的玻棒搅动，以除去其中的纤维蛋白，结果血液不发生凝固。说明去除纤维蛋白（由纤维蛋白原转变而来）后血液不发生凝固，纤维蛋白原在凝血中具有重要的作用。

11. 设计实验证明加速或延缓血液凝固的方法（2～3 种）。

答：（1）分别加入 1mL 新鲜家兔血液到对照、加少量棉花，或涂少许液体石蜡的试管中，记录凝血时间。结果发现，加少量棉花使血液与粗糙面接触，促进凝血因子的激活，进而加速凝血。涂少许液体石蜡使血液与光滑面接触，延缓血液凝固。

（2）分别加入 1mL 新鲜家兔血液到 3 支试管中，置于 37℃水浴、室温和冰水中，记录凝血时间。结果发现，37℃水浴适当增加温度可加快酶促反应而使血凝加速。反之，冰水低温可延缓血液凝固。

（3）分别加入 1mL 新鲜家兔静脉血到对照、预加 3.8%柠檬酸钠的试管中，记录凝血时间。结果发现，加入 3.8%柠檬酸钠可与血液中 Ca^{2+}结合，减少血液中 Ca^{2+}从而起到抗凝作用。再加 1%$CaCl_2$ 1～2 滴后，血液发生凝固。

（4）取一支试管放肝素 8U，再加入 1mL 新鲜血液，摇匀后，观察其结果。结果发现，肝素可防止血液凝固。

（5）取 50mL 新鲜血液放入烧杯中，用带有开叉橡皮管的玻璃棒搅动，以除去其中的纤维蛋白，观察血液能否凝固。结果发现，去除纤维蛋白后血液不发生凝固。

12. 设计实验证实心肌有较长的有效不应期。

答：（1）破坏蛙的脑和脊髓，暴露心脏，连接仪器。

（2）描记一段正常蛙心收缩曲线。

（3）在心室收缩期给予一个阈上刺激，记录其反应。

（4）在心室舒张早期、中期、晚期各给予一次阈上刺激并记录其反应。

结果发现，在收缩期间不能接受任何刺激而出现新的兴奋和收缩。而心肌的舒张期（不包括舒张早期）则处于相对不应期，该期中能接受阈上刺激，并出现一个期前收缩，随后有一代偿性间歇，因此心肌具有相当长的有效不应期，比整个收缩期还略长。

13. 设计实验分析蛙心兴奋的正常起搏点及传导方向，以及各部分自律性的高低。

答：（1）破坏蛙的脑和脊髓，暴露心脏，连接仪器。

（2）将蛙心翻向头端或提起心尖，观察蛙心各部的收缩顺序，并记录其收缩频率。

（3）做斯氏第一结扎。观察此时心房、心室搏动均停止，但静脉窦仍搏动。

（4）待心脏恢复搏动后，做斯氏第二结扎。此时心室搏动停止，但心房和静脉窦仍搏动。

蛙心传导系统各部分都具有自律性，其中以静脉窦（哺乳动物为窦房结）的自律性最高，房室交界次之，心室内的传导组织最低。

14. 在蛙心灌注实验中，逐级升高林格液 K^+浓度时，心肌的兴奋性和传导性有何变化？为什么？

答：制备离体蛙心灌流模型，连接仪器，进行下列实验项目。

（1）描记一段蛙心正常收缩曲线。

（2）向套管中加入 1～2 滴 1%KCl，观察蛙心活动的变化。然后继续加入 1～2 滴 1%KCl 溶液，观察蛙心活动的变化。

结果发现，心肌的兴奋性出现双向变化。当细胞外液 K^+浓度轻度升高时，心肌兴奋性升高。当细胞外液 K^+过度升高时，则心肌兴奋性减低，甚至丧失。

心肌兴奋性传导速度将逐渐减慢。其机制是当细胞外液 K^+浓度逐渐升高时，Na^+（或 Ca^{2+}）内流的驱动减小，心肌动作电位 0 期去极化的速度和幅度减小，局部电流形成减慢，强度减小，故兴奋传导减慢。严重的高血钾可引起房室交界和心房肌传导阻滞，严重时引起心室内传导阻滞，心脏停搏。

15. 正常情况下窦房结如何控制潜在起搏点的活动？有何生理意义？

答：窦房结通过抢先占领和超速驱动压抑控制潜在起搏点的活动。

抢先占领：窦房结的自动兴奋频率高于潜在起搏点，在潜在起搏点自动去极化达阈电位前，它们已经受到从窦房结发出并依次传来的兴奋的激动作用而产生动作电位，这个过程即抢先占领。其生理意义是使潜在起搏点自身的自律性不能表现，使整个心脏总是依照窦房结发出的节律性兴奋活动。

超速驱动压抑：当自律心肌细胞受到高于其固有自动兴奋频率的刺激时，按外加刺激的频率发生兴奋，称为超速驱动。在外来超速驱动刺激停止后，自律细胞需经一段静止期后才逐渐恢复其自律性，这种现象称为超速驱动压抑。窦房结对潜在起搏点自律性的直接抑制作用就是一种超速驱动压抑。生理意义是当发生短时间窦性频率减慢时，潜在起搏点的自律性不会立即表现出来，有利于防止异位搏动。

16. 设计实验证明组胺和肾上腺素对毛细血管的影响。

答：破坏蟾蜍脑和脊髓，分离出小肠，展开肠系膜，进行以下项目。

（1）在低倍镜下观察小动脉、小静脉和毛细血管中血流情况，分辨其流速、方向和特征。

（2）滴 1 滴 0.01%肾上腺素于肠系膜血管上，观察血管口径及血流速度的变化。发生变化后，速以林格液冲洗。

（3）滴 1 滴 0.01%组织胺于肠系膜血管上，观察血管口径及血流速度的变化。

结果发现，滴加肾上腺素后，血管口径变小，血流速度加快。滴加组织胺后，血管口径变大，血流速度减慢，因为组胺有强烈的舒血管作用。

17. 如何证明心血管中枢有紧张性活动？如何证明支配心脏的神经中以心迷走神经的紧张性占优势？

答：心血管中枢的紧张性活动，可以通过阻断神经来分别观察、证实心迷走神经紧张占优势。

（1）如在犬的实验中，对照心率为 96 次/min，切断两侧迷走神经（或用阿托品阻断 M 受体）后，则心率增加到 180～220 次/min，其心率的增值可看作是迷走神经紧张的强度。

（2）如切断两侧心交感神经（或用心得安阻断 β-肾上腺素能受体），则心率降至 70 次/min，这种心率的减值就是交感紧张的强度。实验证实了心脏正常时受交感、迷走紧张的双重控制，又证实了迷走紧张占优势。

18. 在严重缺 O_2、CO_2 潴留、酸中毒或窒息的情况下，机体的动脉血压会发生什么变化？

答：严重缺 O_2、CO_2 潴留、酸中毒或窒息对体循环血管的直接作用是扩张血管，降低动脉血压；然而机体可激活颈动脉体及主动脉体内的化学感受器，传入冲动分别沿窦神经和主动脉神经上传到延髓的心血管中枢及呼吸中枢，引起呼吸加深加快，并因此使心率加快，心肌收缩增强，心输出量增多；同时使交感缩血管紧张增强，使外周血管收缩，外周阻力加大，动脉血压升高，皮肤、骨骼肌、腹腔内脏和肾脏的血流量减少，心、脑血流量增加，从而维持了动脉血压和心脑的血液供应。

19. 夹闭一侧颈总动脉后，家兔的动脉血压有何变化？为什么？

答：夹闭一侧颈总动脉后，动脉血压会升高。

夹闭后，心脏射出的血液不能流经该侧颈动脉窦，使窦内压力降低，压力感受器受到刺激减弱，经窦神经上传中枢的冲动减少，减压反射活动减弱，因而心率加快、心缩力加强、回心血量增加、心输出量增加；阻力血管收缩，外周阻力增加，导致动脉血压升高。

20. 电刺激家兔完整的减压神经时，动脉血压有何变化？若再分别刺激减压神经向中端及向心端又会引起什么变化？为什么？

答：电刺激家兔完整的减压神经或切断后的减压神经的向中端，其传入冲动相当于压力感受器的传入兴奋，传入延髓心血管中枢将引起减压反射的加强，使心率减慢，心输出量减少，外周血管阻力降低，动脉血压下降；刺激减压神经的外周端对动脉血压无影响，因为减压神经是传入神经。

21. 静脉注射肾上腺素或乙酰胆碱后，动物的血压和心率会发生什么变化？为什么？

答：静脉注射肾上腺素，血压先升高后降低，然后再逐渐恢复。①静脉注射肾上腺素后，对心脏和 α 受体占优势的血管发生作用，使心跳加快，心输出量增加，皮肤、肾脏、肠胃等内脏的血管收缩，血压升高。②随着其代谢，肾上腺素浓度逐渐降低，而对 β 受体占优势的骨骼肌、肝脏和冠脉血管发生作用，使之扩张，引起血压下降。③最后肾上腺素逐渐消失，血压也逐渐恢复正常。

静脉注射乙酰胆碱后，血压会降低。乙酰胆碱与心肌细胞膜上的 M_2 型胆碱能受体结合，通过第二信使 cGMP 提高 K^+通道开放程度，降低 Ca^{2+}通道开放程度，使兴奋性降低；心率减慢，心肌收缩减弱，血管平滑肌舒张，使血压下降。

22. 切断家兔的双侧颈迷走神经对呼吸的影响如何？为什么？

答：切断家兔双侧颈迷走神经后，呼吸变深变慢。兔的肺牵张感受器较为敏感，正常的呼吸受肺牵张反射的调节，阻止吸气活动过长，加速吸气动作和呼气动作的交替。迷走神经中含有肺牵张反射的传入纤维。切断两侧迷走神经后，中断了肺牵张反射的传入通路，肺牵张反射作用被消除，呼吸变深变慢。

23. 试述动脉血中 CO_2 分压升高、O_2 分压下降或[H^+]升高对呼吸的影响。其机制如何？

答：血中 P_{CO_2} 增高，P_{O_2}、pH 下降均可使呼吸运动增强，但其机制有所不同。① CO_2 为很强的呼吸兴奋剂，其作用通过两条途径：一是刺激延髓腹外侧的中枢化学感受器（CO_2 能透过血–脑屏障，加强脑脊液中 H^+对此感受器的作用），这是主要途径；另一是刺激外周化学感受器，冲动沿窦神经和主动脉神经传入延髓呼吸中枢，诱发反射性呼吸加深加快；CO_2 减少时呼吸减弱。②血 P_{O_2} 下降作用于外周化学感受器引起反射性呼吸兴奋，缺氧对呼吸中枢的直接作用是抑制。③pH 降低、H^+增高也通过外周与中枢化学感受器两种途径兴奋呼吸中枢。虽然中枢化学感受器的生理刺激是 H^+，但 H^+通过血–脑屏障缓慢，限制了它的中枢效应。

24. 试述胸膜腔内负压的形成原因及生理意义。

答：胸膜腔内压，在整个呼吸过程中始终低于大气压，故称为胸膜腔内负压。

胸膜腔内压=肺内压–肺回缩力。若以一个大气压为零值标准，则胸膜腔内压=–肺回缩力。所以胸膜腔负压是由肺的弹性回缩力造成的。吸气时，肺扩张，肺的弹性回缩力增大，胸膜腔负压也更负；呼气时，肺缩小，肺的弹性回缩力减小，胸膜腔负压也减小。在正常情况下，肺总是表现出回缩的倾向，即形成了胸膜腔内负压。

生理意义：①使肺能维持扩张状态；②使胸廓向内收敛，以便顺利进行肺通气和肺换气；③有助于胸腔静脉和淋巴液回流；④利于呕吐和反刍动物的逆呕。

25. 注入 2mL 的 3%乳酸后，家兔的呼吸运动有何变化？

答：家兔注入 2mL 的 3%乳酸后，血中 H^+浓度升高，pH 下降，通过外周化学感受器，反射性地引起呼吸加快加深。

26. 家兔吸入较多 CO_2 后呼吸运动有何变化？为什么？

答：家兔吸入较多 CO_2，可使呼吸运动加深加快，肺通气量增加。因为 CO_2 兴奋呼吸是通过刺激中枢化学感受器和外周化学感受器两条途径而起作用的，并且以兴奋中枢化学感受器为主。

27. 在家兔的气管插管上连接一根长 20cm、内径 1cm 的橡皮管，家兔的呼吸运动有何改变？为什么？

答：在气管插管上连接一段橡皮管后家兔的呼吸加深加快。一方面橡皮管增大了无效腔，降低了气体的更新率，肺泡气中 P_{O_2} 降低和 P_{CO_2} 升高，从而使血液中 P_{O_2} 降低和 P_{CO_2} 升高，通过化学感受性反射使呼吸运动加深加快。另一方面，橡皮管使气道加长，加大了气道阻力，通过呼吸肌本体感受性反射使呼吸运动加强。

28. 参与呼吸调节的化学感受器有哪些？

答：外周化学感受器和中枢化学感受器。

（1）颈动脉体和主动脉体是调节呼吸的重要外周化学感受器。在动脉血 P_{O_2} 降低、P_{CO_2} 或 H^+浓度升高时受到刺激，冲动经窦神经和迷走神经传入延髓，反射性地引起呼吸加深加快。

（2）中枢化学感受器位于延髓腹外侧浅表部位。它的生理刺激是脑脊液和局部细胞外液的 H^+，它不感受缺 O_2 的刺激，但对 CO_2 的敏感性比外周的高，反应潜伏期较长。中枢化学感受器的作用可能是调节脑脊液的 H^+浓度，而外周化学感受器的作用主要是在机体低 O_2 时，维持对呼吸的驱动。

29. 设计实验证明阿托品可阻断乙酰胆碱对家兔小肠平滑肌收缩的作用。

答：（1）准备离体肠段。

（2）安装麦氏浴皿和设备。

（3）记录一段自动性收缩曲线。从麦氏浴皿侧管加入 1～2 滴乙酰胆碱，记录收缩曲线，用台氏液冲洗肠段运动恢复；先加入 3 滴阿托品后立即加入 1～2 滴乙酰胆碱，观察肠段运动的变化并记录收缩曲线。

结果发现，乙酰胆碱对小肠运动有加强作用。先加入阿托品后再加小剂量乙酰胆碱，肠段运动曲线与正常相比无明显的变化。因为阿托品是 M 型受体的阻断剂，为乙酰胆碱竞争性拮抗剂。阿托品与 M 型受体结合，阻断了乙酰胆碱与 M 型受体的结合，对抗乙酰胆碱兴奋平滑肌的作用。

30. 如何证明促进小肠运动的主要神经是迷走神经？

答：（1）分离支配小肠的迷走神经，刺激该神经可促进小肠运动，切断神经后小肠运动减弱，切断后刺激断端前没有作用，刺激断端后能促进小肠运动。

（2）证明神经末梢释放的是乙酰胆碱。将拟胆碱药滴于肠浆膜上，使小肠运动增强，然后滴加阿托品可使小肠运动减弱。

（3）分离支配小肠的交感神经，刺激该神经可抑制小肠运动，切断神经后小肠运动加强。

31. 简述单胃动物胃运动的形式及其生理意义。

答：消化期主要运动形式有两种。

（1）胃的容受性舒张：当进食时，咀嚼和吞咽食物对咽、食管等处感受器的刺激，可反射性地引起胃底和胃体肌肉的舒张，该运动形式被称为胃的容受性舒张。舒张后的胃容量增加，使胃适应于大量食物的拥入，从而更好地完成容受和贮存食物的机能。

（2）胃的蠕动：食物进入胃后约 5min，蠕动即开始。蠕动是从胃的中部开始，有节律地向幽门方向进行。生理意义是一方面使食物与胃液充分混合，以利于胃液发挥作用；另一方面，则可搅拌和粉碎食物，并推进胃内容物通过幽门进入十二指肠内。

胃在消化期存在移行性复合运动，其生理意义在于它的Ⅲ时相出现强烈的收缩活动，加速胃排空，把胃内容物排入十二指肠，同时还伴有胃酸分泌等，为下一次消化做好准备。

32. 胆汁成分中与消化有关的物质有哪些？各有何作用？胆汁的分泌和排出是如何调节的？

答：胆汁中除水外，还有胆色素、胆盐、胆固醇、卵磷脂，以及血浆中所有的无机盐，胆汁中没有消化酶。

作用：①胆汁中的胆盐、胆固醇和卵磷脂等可作为乳化剂，减低脂肪的表面张力，增加胰脂肪酶的作用面积；②胆汁达到一定浓度后，可聚合成微胶粒，与脂肪分解产物形成水溶性复合物，作为运载工具，促进不溶于水的脂肪分解产物的吸收；③促进脂溶性维生素 A、D、E 和 K 的吸收；④它在十二指肠可中和一部分胃酸，它还作为促进胆汁自身分泌的体液因素。

胆汁分泌的调节：

（1）神经因素的作用：进食动作或食物对胃、小肠的刺激，均可通过神经反射引起肝胆汁分泌的少量增加和胆囊的轻度收缩。迷走神经释放乙酰胆碱可直接作用于肝细胞和胆囊，增加胆汁分泌和引起胆囊收缩，还可通过释放胃泌素引起肝胆汁分泌增加。

（2）体液因素的作用：

A. 胃泌素：它可通过血液循环直接作用于肝细胞，也可先引起胃酸的分泌，后者再作用于十二指肠黏膜，使之释放促胰液素而作用于肝细胞，引起胆汁分泌增加。

B. 促胰液素：可刺激肝细胞引起肝胆汁的分泌。

C. 胆囊收缩素：可兴奋胆囊平滑肌，使其强烈地收缩，从而排出胆汁。

D. 胆盐：胆盐经过肝肠循环后回到肝脏，刺激肝细胞分泌胆汁。

33. 什么是基础代谢率？基础代谢率的正常范围和临床意义是什么？

答：基础代谢是指基础状态下的能量代谢。把基础状态下单位时间内的能量代谢称为基础代谢率。一般说来，基础代谢率的实际数值同正常的平均值比较，如相差在10%～15%，无论较高或较低，均不属于病态。当相差之数超过20%时，才有可能是病理变化。基础代谢率的测定，是临床诊断甲状腺疾病的主要辅助方法，甲状腺功能低下时基础代谢率可明显降低，甲状腺功能亢进时，基础代谢率可明显增加。

34. 设计实验测定小动物的耗氧量。

答：（1）安装测定小动物能量代谢的简单装置。

（2）将小鼠放入玻璃瓶内，头朝钠石灰侧，加塞密封。

（3）打开弹簧夹，然后松开氧气囊的螺旋夹，缓慢地送进O_2（不宜过快）。将注射器抽取O_2至略超出10mL的刻度处。

（4）旋紧氧气囊上的螺旋夹，不让空气进入。将注射器筒芯推到刻度10mL处，夹闭弹簧夹，同时记录时间和玻璃筒内的温度。

（5）将注射器筒芯向前推进2～3mL则水检压计与大气相通侧水柱液面上升。小鼠代谢不断消耗氧气，而产生的CO_2被钠石灰吸收，故玻璃筒内气体逐渐减少，水柱液面因而回降。待液面降至两液面高度相等时，再将注射器筒芯向前推进2～3mL，如此反复，直至共推进10mL为止。待水检压计两侧的水柱液面达到同一水平时，立即记下时间。从夹闭弹簧夹开始至此时的时间，即为消耗10mL的O_2所需的时间。据此可得每小时耗O_2量。

35. 设计实验比较水利尿和渗透性利尿的不同。

答：（1）实验动物的手术：动物麻醉后进行手术，暴露膀胱，以便进行插管；找出内脏大神经，穿线备用。尿液的收集可选用膀胱套管法或输尿管插管法。在套管或插管下端连接记滴装置。

（2）实验项目：

A. 记录对照情况下每分钟尿分泌的滴数，可连续计数5～10min，求平均数并观察动态变化。

B. 静脉注射37℃的清水20mL，记数每分钟尿分泌的滴数。

C. 静脉注射37℃的20%葡萄糖溶液10mL，计数每分钟尿分泌的滴数。

结果发现，静脉注射清水后，尿量增加。因为血浆晶体渗透压下降，引起抗利尿激素分泌减少，肾远曲小管和集合管对水的重吸收减少，于是尿液被稀释，尿量增加，这就是水利尿的产生机制。

静脉注射葡萄糖溶液后，由于肾小管内的葡萄糖含量超过肾小管重吸收的能力，葡萄糖将不能完全被吸收，小管液渗透压升高，结果导致尿量增多。这就是渗透性利尿的产生机制。

36. 电刺激家兔迷走神经的外周端，尿量有何变化？为什么？

答：电刺激家兔迷走神经外周端，其末梢释放的递质是乙酰胆碱与心肌细胞膜上的M胆碱受体结合，改变离子通道的通透性和心肌动作电位，使心脏活动抑制，出现负性变化，心输出量减少，血压下降，肾小球毛细血管压降低，有效滤过压减小，肾小球滤过率减少，所以尿生成减少。

37. 静脉注射肾上腺素对家兔的尿量有何影响?

答：肾上腺素作用于肾血管平滑肌的肾上腺素能受体，引起肾血管收缩，使肾血流量减少，肾小球的有效滤过压下降，肾小球滤过率降低。增加近端小管和髓袢上皮细胞重吸收 Na^+、Cl^-和水。因此，静脉注射肾上腺素可使尿量减少。

38. 饮大量生理盐水或清水后，动物的尿量会发生什么变化？为什么?

答：一次饮用 1000mL 清水后，经过 0.5h，尿量就开始增加，到第 1h 末，尿量可达最高值；随后尿量减少，2～3h 后恢复到原来水平，此现象称为水利尿。其原因是：大量饮清水后，使血浆晶体渗透压下降和血容量增加，引起抗利尿激素分泌减少，以致远曲小管和集合管对水的重吸收减少，尿量增加。如果饮用的是生理盐水，因为是等渗溶液，仅改变血容量而不会改变血浆晶体渗透压，抗利尿激素抑制程度轻，故其尿量少于饮清水后的水利尿排出的尿量。

39. 大量出汗后尿量会发生什么变化？为什么?

答：尿量减少。因为汗液为低渗液体，大量出汗造成机体水分的丢失大于电解质的丢失，使血浆晶体渗透压升高，对渗透压感受器刺激增强，抗利尿激素释放增多，促进远曲小管和集合管对水的重吸收，尿量减少。同时循环血量减少，使肾血流量减少，可使肾小球滤过率减少，尿量减少。

40. 静脉注射 20%甘露醇或 20%葡萄糖对尿量有何影响？为什么?

答：静脉注射 20%甘露醇后，能够使尿量增加。甘露醇随血液流经肾小球时经滤过作用进入肾小管，但肾小管对甘露醇不能重吸收，导致小管渗透压升高，进而阻碍了肾小球对水的重吸收，最终造成渗透性利尿。

静脉注射 20%葡萄糖后，能够使尿量增加。葡萄糖随血液经肾小球滤过入肾小管，肾小管能够大量重吸收葡萄糖，但葡萄糖过高可使血浆中葡萄糖量超过肾糖阈，导致肾小管对葡萄糖不能完全重吸收，进而使小管液渗透压升高，阻碍了肾小管对水的重吸收，最终造成渗透性利尿。

41. 家兔去大脑僵直为何表现为伸肌肌紧张增强，而不表现屈肌的肌紧张增强?

答：因为动物的中脑上、下丘被离断后，易化区的活动占相对优势，而易化区的活动主要使抗重力肌的肌紧张明显加强。家兔的伸肌是抗重力肌，能维持身体的挺直。因此，去大脑家兔出现伸肌的肌紧张明显加强的僵直现象。

42. 简述脊蛙的缩腿反射实验的基本过程。

答：制备脊蛙，用稀硫酸刺激足部皮肤，可引起缩腿反射。破坏足部皮肤，或剪断坐骨神经，或破坏脊髓，该反射都消失。因此，脊髓可作为中枢完成某些简单的运动反射，如屈肌反射，对侧伸肌反射、牵张反射等。

43. 设计实验证明胰岛素和肾上腺素对血糖水平有不同的调节作用。

答：（1）选择体重约 20g 的小鼠 3 只，禁食 24h。皮下注射 1～2U 胰岛素后观察小鼠的活动，有无不安，呼吸局促，痉挛，甚至休克现象的发生。

（2）待小鼠出现低血糖症状如惊厥时，留 1 只作对照，其余 2 只分别进行腹腔注射（或尾静脉注射）20%葡萄糖 1mL 和皮下注射（或尾静脉注射）0.01%肾上腺素 0.1mL，观察并记录结果。

结果发现，注射胰岛素后因血糖浓度迅速下降，动物可出现精神不安、抽搐、休克等表现，这些症状几乎全是低血糖对神经系统作用的后果。脑组织对低血糖比较敏感，需要量非常多，因此如果血糖浓度降低，会使神经组织的正常代谢受到限制，对交感神经产生刺激而引起一系列交感神经异常兴奋的症状。

皮下注射 0.01%肾上腺素可纠正低血糖症状。机理是进入体内的肾上腺素与胰岛 β 细胞 α 受体结合，抑制胰岛素的释放；也可直接作用于肝脏、肌肉等组织，使糖原异生，糖原和脂肪分解增加，提高血糖水平。

44. 设计实验证明肾上腺对动物生命活动及应激反应中的调节作用。

答:（1）取实验鼠 20 只，称重并编号，分成 4 组，每组 5 只。第一组为对照组（假手术组），其余为肾上腺摘除组。

（2）4 组动物在相同条件下单笼饲养。室温 20～25℃，喂以高热量和高蛋白饲料，饮水充足。

（3）摘除肾上腺后动物水盐代谢和存活率的影响：手术后按下表给予相应处理一周并记录每天情况。

组别	处理	每日情况（体重、活动状况、死亡率等）
对照组	清水	
摘除组	清水	
	1%NaCl	
	清水+可的松（100μg/天）	

（4）摘除肾上腺后动物应激功能的改变：按组将动物同时投入盛有冰水的面盆中，记录动物在水中的游泳时间，同时比较动物的游泳姿势与速度。动物下沉后立即捞出，记录并比较其恢复时间和恢复情况。

动物摘除肾上腺后将很快出现皮质功能缺损的征象。动物表现精神萎靡，消化不良，减弱骨骼肌收缩力，机体排水功能低下，严重时可导致水中毒和出现休克。

饮用 1%NaCl 和可的松后可以缓解摘除肾上腺后引起的生理机能的降低。

当动物受到各种有害刺激，如寒冷，血液中糖皮质激素含量立即升高，使机体能适应已经改变了的环境，以避免受到损害。而动物摘除肾上腺后，机体对应激刺激的适应性和抵御能力降低，应激能力下降。应激因素严重或应激持久存在时，机体“能源”耗竭，如果继续发展下去，会导致死亡。

45. 胰岛素和胰高血糖素是如何相互作用来维持机体血糖水平的稳定的?

答：胰岛素通过促进组织细胞摄取葡萄糖，增强糖原合成和减少糖异生，而使血糖降低。胰高血糖素的作用与胰岛素相反，通过促进糖原分解和增强糖异生，使血糖升高。胰高血糖分泌有利于机体防止低血糖的发生。血糖水平是调节胰岛素和胰高血糖素分泌的最主要因素。血糖水平持续升高时，胰岛 β 细胞合成与释放胰岛素增加，而胰岛 α 细胞分泌胰高血糖素减少，使血糖降低；而当血糖降低时，胰岛素分泌量迅速降低，而胰高血糖素分泌量大增，使血糖回升。

46. 参与机体应激反应的激素有哪些? 其作用机制如何?

答：参与机体应激反应的激素有：垂体-肾上腺皮质系统、交感-肾上腺髓质系统、生长素、催乳素、抗利尿激素、β-内啡呔、胰高血糖素及醛固酮等。

（1）当机体受到有害刺激，腺垂体释放大量 ACTH，糖皮质激素也分泌增多。糖皮质激素快速动用储存在细胞内的氨基酸和脂肪，为机体供能和重新合成维持生命和新细胞生成的急需物质，抵抗和耐受伤害性刺激。

（2）当机体在运动、低血糖、低血压、寒冷及各种精神紧张（恐惧和愤怒）状态时，通过大脑皮层交感神经系统兴奋，使肾上腺髓质嗜铬细胞肾上腺素和去甲肾上腺素分泌增加，引起血糖升高，脂肪氧化分解，心率增加，心输出量增加，肌肉、脑与心血流量增加，以充分供给机体在紧急状态所需的营养物质，并出现防御性及相应的攻击性行为。

（四）实验考试例题答案

全国硕士研究生入学统一考试农学门类联考——动物生理学实验题例题答案

1. 设计实验证明增加肾小管溶质浓度可阻碍肾小管对水的重吸收。请简要写出实验方法与步骤，并分析预测结果。

答：（1）实验方法与步骤：

A. 哺乳动物麻醉、固定后，行输尿管或膀胱插管术。

B. 记录尿量作为对照。

C. 静脉注射足量高渗溶液（如 20%葡萄糖等），观察并记录尿量。

（2）预测并分析结果：与 2）相比，3）的尿量增加。因为注射足量高渗溶液后，使肾小管液中溶质浓度升高，渗透压升高，阻碍水的重吸收，使尿量增加。

2. 设计实验证明小肠内渗透压是影响小肠吸收的重要因素。简要写出实验方法与步骤，预测并分析实验结果。

答：（1）实验方法与步骤：

A. 取家兔（或其他实验动物）麻醉后固定于手术台上，剖开腹腔，选取一段小肠，用棉线结扎分成 A 和 B 两段等长的肠管。

B. A 肠段注入适量高渗盐溶液（如饱和硫酸镁），B 肠段注入等量低渗盐溶液（如

0.7%氯化钠）。一段时间后观察两肠段的变化。

（2）预测并分析结果：A 肠段容积增大，B 肠段容积减小，因为 A 肠段注入的是高渗溶液，会吸收周围组织中的体液；而 B 肠段注入的是低渗溶液，周围组织将水分吸收。

3. 设计实验证明蟾蜍的心肌不会发生强直收缩。简要写出实验方法与步骤，预测并分析实验结果。

答：（1）实验方法与步骤：

A. 破坏蟾蜍的脑和脊髓，暴露心脏，连接心脏收缩描记装置，并找到阈刺激。

B. 描记一段心脏的正常收缩曲线作为对照。在心室收缩期施加不同频率的连续阈上刺激，观察收缩曲线的变化。在心室舒张的早、中、晚期都施加与上述相同的连续阈上刺激并观察收缩曲线的变化。

（2）预测并分析结果：在心室收缩期和舒张早期施加刺激后，由于刺激落在心肌的有效不应期内，因此心脏收缩曲线与对照相比无明显变化；而在心室舒张的中、晚期施加刺激后，收缩曲线发生变化，出现期前收缩和代偿性间歇。表明心室每次收缩后都有舒张，因此心肌不会发生强直收缩。

4. 设计实验证明环境温度对蛙或蟾蜍神经干动作电位的传导速度有影响。要求简要写出实验方法与步骤，预测并分析实验结果。

答：（1）实验方法与步骤：制备蛙坐骨神经-腓肠肌标本，将坐骨神经-腓肠肌标本的中枢端安放在刺激电极端，神经干的外周端安放在记录电极端。将中间的神经干浸在两个不同温度的生理盐水中，进行刺激，分别记录出现反应的时间差 t。

（2）预测并分析结果：放入温度高的生理盐水的标本出现反应的时间差比温度低的要短。因为温度的升高可使神经纤维的传导速度加快。

5. 设计实验证明蛙心不同自律组织的自律性存在差异。简要写出实验方法与步骤，预测并分析实验结果。

答：（1）实验方法与步骤：

A. 破坏蛙的脑和脊髓后，暴露心脏。

B. 观察心脏各部位的跳动顺序，记录跳动频率，作为对照。

C. 先在静脉窦与心房之间（窦房沟）结扎，观察并记录各部位跳动的变化。然后在心室与心房之间（房室沟）结扎，观察并记录各部位跳动的变化。

（2）预测并分析结果：与对照组相比，结扎窦房沟后静脉窦仍按原节律跳动，而心室与心房暂时停跳，一段时间后心室与心房恢复跳动，但跳动频率降低。结扎房室沟后，静脉窦和心房仍按各自节律跳动，心室暂时停止跳动，一段时间后心室恢复跳动，但跳动频率降低，由此说明蛙类心脏不同自律组织的自律性存在差异。

6. 以家兔为实验对象，设计实验证明血浆胶体渗透压是阻碍尿生成的因素。要求简要写出实验方法与步骤，预测并分析实验结果。

答：(1) 实验方法与步骤：

A. 麻醉家兔后，做膀胱导管或输尿管插管术，记录单位时间内的尿量作为对照。

B. 经静脉注射适量适当浓度的大分子蛋白质溶液，记录单位时间内的尿量。

(2) 结果预测及分析：

A. 静脉注射后尿量显著减少。

B. 静脉注射大分子蛋白质溶液后，血浆胶体渗透压升高，从而使有效渗透压降低，原尿生成减少，导致终尿减少。由此证明血浆胶体渗透压是阻碍尿生成的因素。

7. 用适量的乙酰胆碱处理可使家兔离体小肠平滑肌收缩活动加强，而阿托品可阻断乙酰胆碱的这种作用。设计实验证明阿托品的这种作用，要求简要写出实验方法与步骤，预测并分析实验结果。

答：(1) 实验方法与步骤：

A. 家兔处死后立刻打开腹腔，取出十二指肠，剪成2cm左右肠段，于30℃台氏液中洗去内容物。

B. 安装麦氏浴皿和设备。以缝针在肠段两端穿线，一段固定于通气钩上，另一端固定于换能器上，放入麦氏浴皿中。

C. 记录一段自动性收缩曲线。从麦氏浴皿的侧管加入1～2滴乙酰胆碱，记录收缩曲线，用台氏液冲洗肠段，待运动恢复，先加入3滴阿托品后立即加入1～2滴乙酰胆碱，观察肠段运动的变化并记录收缩曲线。

(2) 结果预测及分析：

A. 滴加乙酰胆碱对小肠运动有加强作用。

B. 先加入阿托品后再加小剂量乙酰胆碱，肠段运动曲线与正常相比无明显的变化。因为阿托品是M型受体的阻断剂，为乙酰胆碱竞争性拮抗剂。阿托品与M型受体结合，阻断了乙酰胆碱与M型受体的结合，对抗乙酰胆碱兴奋平滑肌的作用。

主要参考文献

陈科敏. 2001. 实验生理科学教程. 北京：科学出版社.

教育部考试中心. 2013. 全国硕士研究生入学统一考试农学门类联考考试大纲. 北京：高等教育出版社.

李光华. 2013. 人体生理学实验指导. 北京：科学出版社.

李康，朱佐江. 2000. 机能实验学. 北京：人民军医出版社.

乔惠理. 1994. 动物生理大实验. 北京：中国农业大学出版社.

沈岳良，陈莹莹. 2006. 现代生理学实验教程. 3 版. 北京：科学出版社.

王庭槐. 2004. 生理学实验教程. 北京：北京大学医学出版社.

解景田，刘燕强，崔庚寅. 2009. 生理学实验. 3 版. 北京：高等教育出版社.

张才乔，曾卫东. 2004. 动物生理学实验教程. 杭州：浙江大学出版社.

郑行，乔惠理. 2013. 动物生理学复习指南暨习题解析. 7 版. 北京：中国农业大学出版社.

附　　录

§附录1　常用生理盐溶液的配制

配制溶液时，可按附表 1 的数字用天平称取各种物质，然后将其溶解在蒸馏水中。也可预先配好各种物质的浓缩液，用量筒或移液管按比例吸取一定的体积，然后用蒸馏水稀释到所需体积即可。配制的方法列于附表 2。

附表 1　各种生理盐溶液的配制　　单位：g/L

成分	生理盐溶液		林格液	台氏液	乐氏液
	两栖类用	哺乳类用	两栖类用	哺乳类用	哺乳类用
NaCl	7.0	9.0	6.5	9.0	8.0
KCl			0.14	0.4	0.2
$CaCl_2$			0.12	0.1～0.2	0.1～0.2
$NaHCO_3$			0.2	0.2	1.0
NaH_2PO_4*			0.01		0.05
$MgCl_2$					0.1
葡萄糖				1.0～2.0	1.0

* 要在 $CaCl_2$ 完全溶解后方可加入，否则会产生不溶解的磷酸钙，致使溶液混浊

附表 2　各种生理盐溶液浓缩液的稀释比例　　单位：mL/L

成分	生理盐溶液		林格液	台氏液	乐氏液
	两栖类用	哺乳类用	两栖类用	哺乳类用	哺乳类用
NaCl 20%	35.0	45.0	32.5	45.0	40.0
KCl 4%			3.5	10.0	5.0
$CaCl_2$ 3%			4.0	6.0	6.0
$NaHCO_3$ 10%			2.0	2.0	10.0
NaH_2PO_4 1%			1.0		5.0
$MgCl_2$ 10%					1.0
葡萄糖 20%				5.0～10.0	5.0

§附录2 常用抗凝剂

（一）草酸钾

常用于供检验用血液样品的抗凝。在试管内加饱和草酸钾溶液 2 滴，轻轻敲击试管，使溶液分散到管壁四周，置 80℃以下的温度中烤干（如烘烤温度过高，草酸钾将分解为碳酸钾而失去抗凝作用）。这样制备的抗凝管可使 3～5mL 血液不凝固。供钾、钙含量测定的血样不能用草酸钾抗凝。

（二）肝素

取 1%肝素溶液 0.1mL 于试管内，均匀浸湿试管内壁，放入 80～100℃烘箱烤干。每管能使 5～10mL 血液不凝。市售的肝素注射液每毫升含肝素 12 500U（相当于肝素 125mg），应置冰箱中保存。

（三）柠檬酸钠

3.8%的柠檬酸钠溶液 1 份，可使 9 份血液不凝固，用于做红细胞渗透脆性实验等。做急性血压实验时，则用 5%～7%的柠檬酸钠溶液。

§附录3 实 验 设 计

实验设计的目的在于使学生通过对实验命题的设计，熟悉进行实验验证所必需的基本要求与一般程序，使学生通过运用所学的基本理论知识与实验方法，来提高解决问题的能力，进一步促进其科学思维的培养。

（一）实验设计的基本程序

实验设计的基本程序包括立题、设计、预备和正式实验、实验资料的收集、整理和统计分析、总结和完成论文。

立题时需要注意科学性、先进性、可行性和实用性。科学性指选题有充分的科学依据；先进性指选题对已知的规律有所发现和创新；可行性指立题时考虑已具备的主、客观条件，实用性指立题有明确的目的和意义。

立题的过程是一个创造性思维的过程，需要查阅大量的文献资料及实践资料，了解本课题近年来已取得的成果和存在的问题；找出要探索的课题关键所在，提出新的构思或假说，从而确定研究的课题。

实验设计是根据立题而提出的实验方法和实验步骤，它是完成课题的实施方案。

内容包括实验材料和对象、实验的例数和分组、技术路线和观察指标、数据的收集和处理方法等。

（二）实验设计必须掌握的基本原则

（1）设立对照组或对照实验是实验设计的基本原则之一。如果在同一个体或群体（组）无法进行对照实验时，则应随机设立对照组和实验组。对照组与实验组的所有其他条件应一致，只是欲检验的某一种因素不同。这样才能显示出欲检验的因素对实验结果的影响。

（2）在实验中，欲检验因素本身条件须前后一致。例如，实验所用的刺激参数、药物的剂量、剂型、批号及各种环境因素等，都不能在实验过程中随意改变，否则有可能干扰实验结果，以至给分析实验结果带来困难。

（3）必须注意观察实验的全过程。要从每次实验之前的基础水平开始，一直观察到加入欲检因素之后产生变化结束，或从撤除检验因素后直至其机能恢复到正常为止，都应连续观察，对于缓慢的变化可以作定时的或有规律的观察、记录，直至恢复正常。要特别注意实验中的变化时程，精确记录加入欲检因素时间，出现变化的时间及恢复到正常水平的时间。

（4）注意实验的可重复性。任何实验不能仅进行一次便作为正式结果，无论是定性或定量实验，都必须要有足够的实验次数，才能判定结果的可靠性。如果是定性实验，虽然变化程度有大有小，但各次的结果一致，则重复的次数可少些。如果是定量实验，在各次实验结果数值相近变异不大时，重复的次数也可少些，否则实验次数要达到一定数量，并对实验结果进行统计学处理，这样才能判定实验结果变异有无显著意义。

（5）要有明确的判定实验结果的标准。实验结果有无变异，变异是否有显著意义，必须有客观的标准，不能有丝毫主观的、模棱两可的因素。如果实验结果是描记的曲线，则曲线必须附有纵、横坐标的标尺。

（6）要注意尽可能地从多方面进行同样的实验。如果能得到相同的结论，则这样的结论才具有普遍的意义，而且是可信的。例如，检查某一神经因素的作用，不仅用刺激的方法，也可用颉颃药物、受体阻断、切断等方法加以证明。

（7）要对实验数据进行统计学处理。理解动物生理实验结果处理经常用到的平均数、标准误、标准差的含义及如何检验组间结果的差异显著性等。

（三）写出实验设计书

在学生了解实验设计的基本要求之后，由学生自己提出课题或教师提出设计课题（注意不能超过所学过的理论知识），学生分组讨论实验内容，并写出设计书。实验题目应尽量明确，项目不宜过多（因受时间限制），但在观察、实验方面力求操作正规，仔细观察，以树立严格的工作作风。

在学生讨论过程中，应当引导学生主要讨论设计的理论根据、拟采用的方法、实验项目和观察的内容和指标，每一项实验可能出现的结果等。如果学生的讨论偏离了课题，或者对某一问题争论不休，教师要给以正确引导。

实验设计书的内容应包括：实验名称、目的、原理、材料和设备、方法与步骤，最好还能考虑到预期的结果及可能出现的问题和解决措施等。

教师审批学生的设计报告时，要着重注意设计在理论上是否正确，方法上是否恰当，采取的步骤是否合理，以及在本实验室条件下是否可行。如果教师要更改设计书，应当向学生讲明更改的原因。

（四）进行实验操作

让学生自己主持实验操作，进行观察、记录，实验资料的收集，并对实验结果进行处理，分析，最后写出完整的实验报告。在实验中，教师只是因学生在操作上的不熟练而可能造成整个实验失败时才略加指点，绝对不能代替学生操作。

§附录4　常用统计指标和方法

经过动物实验、取得资料后，应对资料进行整理分析（数据处理），透过样本实测值的信息进行统计推断，阐明机体机能变化的特点和规律，作出比较可靠的结论，以达到正确认识客观事物的目的。

（一）量反应资料的统计指标

1. 平均数（$\bar{x}$）　一个资料的各观测值总和除以观测值的个数所得的商就称算术平均数，简称平均数。

2. 标准差（S）　均方的平均值就是标准差，表示数据间变异程度的常用指标。S 越小，表示观察值的变异程度越小，反之亦然，常用均数±标准差（$\bar{x} \pm S$）来表示集中趋向或离散程度。

3. 标准误（$S_{\bar{x}}$）　标准误是样本均数的标准差，用以说明样本均数的分布情况，表示和估量群体之间的差异，即各次重复抽样结果之间的差异。$S_{\bar{x}}$越小，表示抽样误差越小，样本均数与总体均数越接近，样本均数的可靠性也越大，反之亦然。

（二）质反应资料的统计指标

1. 反应率（p）　如以 n、r 分别代表例数及正反应率，则正反应率 $p=\dfrac{r}{n}$，负反应率 $q=1-p$。

2. 标准误（S_p 率的标准误） $S_p=\sqrt{\frac{pq}{n}}$，此公式在样本 $n>50$ 时使用。如 n 较小时分母以 $n-1$ 代替 n。

3. 可信限 率的 95%可信限$=p\pm1.96S_p$，率的 99%可信限$=p\pm2.58S_p$。

（三）应用 Excel 进行数据整理和统计分析

中文 Excel 2000 具有强大的统计分析功能，利用电子表格可以解决动物生理学实验中的统计分析问题。

1. 分析工具库的安装 在已经打开的 Excel 表格“工具”菜单中打开“加载宏”命令，在“加载宏”对话框中选择“分析工具库”并按确定，这时“数据分析”命令就会出现在“工具”菜单上，选定“数据分析”并单击它，就可得到一个“数据分析”对话框，内有单因数方差分析、二因素交叉无重复观察值的方差分析等均数、方差和 t 检验的一些统计工具。

2. “分析工具库”使用介绍 在动物生理学实验中常用的统计方法有描述统计（均数、标准差）、方差分析、t 检验、回归、相关系数等，下面做一简单的介绍。

（1）描述统计：描述统计分析用于生成成对输入区域中数据的单变量值的分析，提供有关数据趋中性和易变性的信息。

选择“工具”菜单中的“数据分析”，弹出数据分析工具框，选择“描述统计”，弹出“描述统计”对话框。有 2 个方框，上面是输入方框，下面是输出选项方框。输入方框中有一个输入区域、分组方式选项和一个正方形复选框（标志）。依次输入原始数据、按行还是按列和对数据的说明；输出选项框有 7 个选项框、3 个圆形编辑框和 4 个正方形复选框。

3 个圆形编辑框与标志复选框的含义在整个电子表格系统中都一样。输出区域可以选择统计分析处理结果位于同一工作表中或新的工作表中。选中汇总统计选项表示需要得到描述统计分析的指标；输入所要的置信度；选择第 K 个最大值和第 K 个最小值选取项。经过上述处理，在“描述统计”对话框中选定确定按钮，并单击左键，则能在指定的位置得到经“描述统计”后的结果。

（2）方差分析：方差分析是根据引起指标变异的原因，对实验资料的总变异进行剖分，并进行显著性检验，从中判断各个因素在变异中的作用。Excel 电子表格提供了三种方差分析工具。

单因素方差分析：是对实验指标受一个因素作用的分析，是对双均值检验的扩充。通过简单的方差分析，对两个以上样本进行相等性假设检验。

可重复双因素方差分析：对实验指标同时受两个因素作用的分析，是对单因素方差分析的扩展，要求对分析的每组数据有一个以上样本，且数据集合必须大小相同。

无重复双因素方差分析：通过双因素方差分析（但每组数据只包含一个样本），

对两个以上样本进行相等性假设。

单因素方差分析和无重复双因素方差分析方法基本一致，必须于“分析工具库”中选中相应的分析工具，定义输入区域，选择分组方式和“标志复选框”进行选择，定义输出区域和显著水平 α，EXCEL 电子表格默认 α 为 0.05，单击“确定”按钮即得统计结果。

可重复双因素方差分析对输入的数据排放格式有两点特殊要求：数据组以列方式排放和数据域的第一行和第一列必须是因素的标志，其余同单因素方差分析。

（3）t 检验：EXCEL 电子表格提供了三种 t 检验方法。

成对双样本平均差检验：比较两套数据的平均值，但数据必须是自然成对出现的。如同一实验的两次数据，且必须有相同的数据点个数。两套数据的方差假设不相等。

双样本等方差假设：假设两个样本的方差相等来确定两样本的平均值是否相等。

双样本异方差假设：假设两个样本的方差不相等来确定两样本的平均值是否相等。

以上三种检验的操作方法基本一致，选择相应的 t 检验方式，指定“变量 1”和“变量 2”的输入范围，选择输出区域，单击“确定”按钮则取得统计结果。

（4）回归分析：回归分析是求出锯齿状分布数据的平滑线，一般用图形表示，以直线或平滑线来拟合散布的数据。回归分析使得原始数据的不明显趋势变得清晰可见。本工具可用来分析单个因变量是如何受一个或几个自变量影响的。

回归分析对话框的使用：在回归分析对话框中的 Y 值输入区域输入依变量数据区域的引用，在 X 值输入区域中输入自变量数据区域的引用。如果包含标志项，请选中标志项复选框。在右侧的编辑框中输入所要使用的置信度。如果为 95%则可省略。如果要强制回归线通过原点，请选中常数项为零复选框。在输出区域中输入输出表左上角单元格的引用。汇总输出表至少要有七列的宽度，包含的内容有方差分析表、系数、y 估计值的标准误差、γ^2 值、观察值个数及系数的标准误差。如果需要以残差输出表的形式查看残差，请选中残差复选框，如果需要在残差输出表包含残差标准残差，请选中标准残差复选框。如果需要生成一张图表，绘制每个自变量及其残差，请选中残差图复选框。如果需要为预测值和观察值生成一个图表，请选中线性拟合图复选框。如果需要绘制正态概率图，请选中正态概率图复选框。

（5）相关系数：相关系数表明某些个数据集合是否与另一个数据集合有因果关系。相关系数工具检查每个数据点与加一个数据集合对应数据点的关系。如果两个数据集合变化方向相同（同时为正或同时为负）就返回一个正数，否则返回负数。两个数据集合变化越接近，它们的相关性就越高。相关值为“1”时表明两组数据的变化情况一模一样，相关值为“–1”时表明两组数据的变化情况刚好相反。“相关系数”分析工具的操作方式无特殊要求，基本同前述。

3. 使用“分析工具库”时出错信息　在使用“分析工具库”进行统计分析时，

有时由于各种原因导致系统出现一些错误信息，下面列出一些常见的错误信息、可能原因及解决的办法（附表 3）。

附表 3　常见的错误信息、可能原因及解决的办法

序号	错误信息	可能原因	解决办法
1	####	公式产生的结果太长，单元格容不下	适当增加列宽
2	# NIV/0	除数为零。在公式中，除数使用了空白单元格或包含零值的单元格引用	修改单元格引用或在用作除数的单元格中输入不为零的值
3	#N/A	没有可用的数值可以引用	检查引用单元格的数据并输入正确数据
4	#NAME	删除了公式中使用名称或使用了不存在的名称以及拼写错误	确认使用的名称确实存在
5	#NULL	使用了不正确的区域运算或不正确的单元格引用	如果要引用 2 个不相交的区域，请使用联合运算符号（逗号）
6	#NUM	在需要数字参数的函数中使用了不能接受的参数或公式产生的数字太大或太小，EXCEL 不能表示。如果在计算临界 t 值或 F 值时。输入的概率值大于 1 或小于 0	检查数字是否超出限定区域，函数内的参数是否正确
7	#REF	删除了由其他公式引用的单元格或将移动单元格粘贴到其他引用的单元格	检查引用单元格是否被删除或者启动相应的应用程序
8	#VALUE	需要数字或逻辑值时输入了文本	确认公式或函数所需的运算符或参数是否正确，并且公式引用的单元格中包含有效的数值

§附录 5　综合性实验示例：消化液的消化作用及其分泌的调节

一　胃液的分泌及其成分的分析

一、目的

观察神经与体液因素对胃液分泌的影响、学习胃液成分的分析方法并验证胃蛋白酶和盐酸对蛋白质的消化作用。

二、原理

本实验采用巴氏分胃狗做实验动物，通过胃瘘管从小胃获得纯净的胃液作分析，以反映大胃的消化状况。胃液的分泌受神经和体液因素的影响，其主要成分为胃蛋白酶、盐酸和黏液。

三、材料和设备

分胃狗、试管、试管架、三角瓶、恒温水浴计、移液管、纤维蛋白（卡红染色）、

1%$NaHCO_3$、0.1%胃蛋白酶（用 0.2%HCl 配成）、0.2%HCl、1%阿新蓝、柠檬酸磷酸缓冲液（pH 5.8）、瘦肉、鸡蛋、毛细玻璃管、pH 试纸、1%酚酞、0.1mol/L NaOH 溶液、滴定管、卡尺、离心机、分光光度计。

四、方法和步骤

（1）实验动物（分胃狗）四肢吊绑，自然站立在动物固定架中，用脱脂棉沾 $NaHCO_3$ 溶液擦洗瘘管四周黏附的污垢，并清理瘘管中可能附着的堵塞物，以保证胃液通畅流出。在瘘管下方悬挂一个三角瓶（吊线跨越动物腰背部），在空腹安静状态下收集 1h 流出的胃液作为基础分泌。

（2）给动物看和嗅食物 5min，记录胃液分泌的潜伏期和 15min 内的分泌量。

（3）用 100g 瘦肉饲喂，连续收集 2h 内的胃液，每隔 15min 测定分泌量，并用 pH 试纸测定胃液的 pH。胃液过滤后分别盛于烧杯中进行成分分析。

（4）胃液中游离酸和总酸的测定：

A. 游离酸测定：吸取 10mL 胃液于小三角瓶中，加入 1 滴 1%酚酞作为指示剂，用 0.1mol/L NaOH 滴定，当出现红橙色时（pH 为 7.0）所消耗的碱量（mL）乘以 10，即胃液中游离酸的含量。

B. 总酸测定：继续以 0.1mol/L 的 NaOH 滴定，使溶液呈现完全的柠檬黄色后，再滴定至淡粉红色为止，所耗用的碱的总量（包括滴定游离酸耗用的量）×10，即胃液的总酸量。

（5）胃液中胃蛋白酶的测定：

A. 取 5 支干净试管，分别编号，并加入下列物质：①加 0.2%HCl 1mL；②加 0.1%胃蛋白酶 1mL；③加 0.1%胃蛋白酶 1mL 与 1% $NaHCO_3$1mL；④加 0.1%胃蛋白酶 1mL，煮沸冷却；⑤加胃液 1mL。

B. 各管再加入一小块纤维蛋白，然后放入 37℃的恒温水浴中，0.5～1h 后取出试管，观察有什么变化。

C. 胃蛋白酶也可用美特氏法测定，方法为：取新鲜鸡蛋的蛋清部分，缓慢搅匀，选择内径均匀（1～2mm）的毛细玻璃管，将蛋清吸入管中，然后置入水浴锅中加热，待毛细管内蛋白凝固后取出，将毛细玻璃管掰成 2cm 长的若干小段，选择其中蛋白柱完整不断而且不含气泡的几段，即制成美特氏蛋白管。按下列方法测定：取 5 个培养皿，第 1 皿加入经煮沸处理的胃液 2mL；第 2 皿加入基础分泌的胃液 2mL；第 3～6 培养皿分别加入饲喂后不同时间收集的胃液 2mL，每个培养皿再放进 2 个蛋白管，然后在 37℃温箱中保温 24h，用卡尺测量每个蛋白管两端被消化的量（mm），以 2 个蛋白管（共 4 个端）被消化的总毫米数表达消化力的大小。比较饲喂后不同时间从分胃收集胃液的消化力。

（6）胃液中黏液的测定：取 2 支试管，1 管加入胃液 1mL，另 1 管加入 0.2%HCl 1mL，2 管均加 1%阿新蓝 0.1mL、柠檬酸磷酸缓冲液（pH 5.8）3.3mL、加蒸馏水至

5mL，混匀后室温放置 24h，以 2500r/min 离心 10min，取上清测定 615nm 波长的吸光度。两管的吸光度差值即阿新蓝与胃液中黏液的结合量。

五、注意事项

（1）实验狗进入实验前要饥饿 12h 以上，以保证实验时有良好食欲。

（2）加入纤维蛋白块大小要基本一致。

六、思考题

1. 报告各项实验结果，即不同食物刺激下胃液分泌潜伏期、持续期的分泌量、酸度以及酶的活力。

2. 胃液中各主要成分有何作用，其分泌受哪些因素的调节？

二　胰液的分泌和胰液消化酶的测定

一、目的

利用慢性胰腺瘘管狗观察清醒状态下体液因素对胰液分泌的影响，学习胰消化酶的测定方法。

二、原理

胰液活动主要受体液因素调控，神经因素通过迷走神经传出主要是影响胰液中碱性物质成分，而胰酶成分则主要受胃肠激素的调节。狗的胰液是间歇性分泌，进食时分泌活动显著增强。胰液消化酶至少有 10 种以上，参与蛋白质、糖、脂肪和核酸的分解。

三、材料和设备

胰瘘狗、恒温水浴锅、2%淀粉溶液、裴林试剂、纤维蛋白、植物油、pH 试纸、试管、小肠液、胆汁、聚乙烯管、1%酚酞溶液、0.5%HCl、促胰液素。

四、方法和步骤

（一）胰液的收集

将胰瘘狗（肠瘘管法制备）固定在动物固定架中，用内径 2～3mm，事先充满生理盐水的聚乙烯小管，仔细地插入胰导管中（插入深度 0.8～1.2cm，视动物体躯大小而定），然后用胶带将聚乙烯管固定在狗身上，并留有一定长度的管段作为缓冲，防止动物晃动时可能将插管脱落。插管另一端连接记滴装置。

（二）实验项目

（1）收集安静状态下 20min 内分泌的胰液。

（2）沿瘘管口注入 0.5%盐酸溶液 30mL。记录胰液分泌的潜伏期，分泌持续时间及分泌总量。

（3）由隐静脉缓慢注入促胰液素 3～5mL，记录潜伏期、分泌持续时间及分泌总量。

（4）消化酶测定：将上述各项实验收集的胰液作以下测定。

A. 胰液淀粉酶：取 2 支试管，加入 2mL 蒸馏水或胰液，然后均加入 2%淀粉液（加热使淀粉充分溶解）5mL，37℃保温 30min。取上述保温后淀粉液 0.5mL，加入裴林试剂 5mL，加热至沸腾，冷却后观察液体颜色：不变色或浅蓝色为阴性反应（无糖），转为绿色为“微量”（含糖<0.1%），黄绿色少量沉淀（含糖 0.1%～0.5%），黄色沉淀（含糖 1.4%～2.0%），黄色并转红棕色沉淀（含糖>2.0%）。

B. 胰蛋白酶：在 3 支试管中分别加入 0.2mL 蒸馏水、小肠液胰液或煮沸处理的小肠液，然后每个试管中放入 2mL 胰液和等量纤维蛋白（来自脱纤血）。将试管置 37℃温育 30min 后取出，比较各管中纤维蛋白的变化。

C. 胰脂肪酶：取 3 支试管，其中分别加入物质如下。

第 1 管　水 4mL，植物油 1mL；

第 2 管　胰液 2mL，水 2mL，植物油 1mL；

第 3 管　胰液 2mL，水 1.9mL，植物油 1mL，胆汁 0.1mL。

各管各加入 2 滴 1%酚酞乙醇溶液作指示剂，试管置 37℃温育 40min，取出后观察各管颜色变化。呈现玫瑰红颜色为酸性反应，说明存在有脂肪酸。还可以用标准碱溶液滴定，滴定至颜色消失所耗用的碱溶液越多，即脂肪酸量越大，以此作为胰脂酶活性的相对值。

五、注意事项

（1）实验前应良好调教动物，使其驯服配合实验操作，确保安全。

（2）作为胰腺导管插管的聚乙烯管应严格消毒，插管时注意避免与肠腔碰触污染，以避免插管不洁造成胰导管和胰腺的炎症。

六、思考题

1. 体内胰液的分泌受哪些神经和体液因素的调节？

2. 比较实验结果并分析其机制。

【附】

裴林试剂配制：柠檬酸钠 173g，无水碳酸钠 100g，水 700mL，加热溶解后缓慢加入 100mL

17.3%的硫酸铜溶液，冷却后补足水至 1L，过滤后避光保存。此试剂如果加热煮沸时自行变色或出现沉淀则不能使用。

促胰液素制备：取新鲜小肠（狗、猫、猪均可）用流水冲洗肠腔，剪开肠壁后刮下自十二指肠起始部至空肠末端的黏膜，然后与 5～8g 干净的细砂粒和 15mL 0.5%HCl 共同研磨，将研磨后的稀浆放入烧杯中，再加入 150mL 10.5%HCl，煮沸 15min。趁热用 10%NaOH 中和至 pH 为中性，过滤后再用 0.5%HCl 回滴成弱酸性，即制成粗制促胰液素，冷藏待用。

三　胆汁分泌和胆汁对脂肪的乳化作用

一、目的

以细管直接插入胆总管引流胆汁，观察胆汁分泌，以及迷走神经、促胰液素和胆盐对胆汁分泌的影响；观察胆汁对脂肪的乳化作用。

二、原理

胆汁由肝细胞不断分泌，经肝管流出。在非消化期，由于胆总管括约肌收缩，阻止胆汁排入十二指肠，故胆汁流入胆囊贮存。当进食开始后，通过神经和体液调节，一方面促进肝细胞分泌胆汁，另一方面促进胆囊收缩和胆总管括约肌舒张，从而将胆汁排入十二指肠。胆汁的分泌不仅受神经控制，还受体液因素的控制。刺激迷走神经可使胆汁分泌，促胰液素能引起胆汁分泌明显增加；胆汁中含有胆酸盐，它能降低脂肪的表面张力，使脂肪乳化成脂肪微粒。

三、材料和设备

家兔、兔手术台、常规手术器械一套、计算机生物信号实验系统、注射器（5mL、10mL），细管、小烧杯、保护电极、生理盐水、麻醉剂、粗制促胰液素、0.01%乙酰胆碱、试管、试管架、玻璃漏斗、漏斗架（双孔）、小烧杯、滤纸、刻度吸管、植物油。

四、方法和步骤

（1）家兔麻醉后背位固定于手术台上。

（2）颈部剪毛，沿颈正中线切开皮肤，分离左侧迷走神经，穿线备用。

（3）做胆总管插管（参见第一章部分动物生理学慢性实验手术方法介绍），用小烧杯收集胆汁备用。

（4）观察项目：待胆汁流出的速度稳定后开始观察。

A. 观察正常胆汁分泌，记录每分钟胆汁分泌的滴数。

B. 用中等强度和频率的电刺激颈迷走神经，观察胆汁分泌速度的变化。

C. 静脉注射 0.01%乙酰胆碱 0.5mL，观察胆汁分泌速度的变化。

D. 静脉缓慢注射稀胆汁（用生理盐水稀释 1 倍）4mL，观察胆汁分泌速度的变化。

E. 静脉注射粗制促胰酶素 4～6mL，观察胆汁分泌的变化。

（5）胆汁对脂肪的乳化作用：

A. 取两支试管，各加植物油 1mL。然后在一支试管中加入 3mL 水，另一支试管中加入 3mL 胆汁，分别摇荡使成乳状液体，放于试管架上。

B. 观察并比较两支试管中植物油的变化。

五、思考题

1. 胆汁的分泌受哪些神经和体液因素的调节？

2. 静脉注射稀胆汁为何可促进胆汁的分泌？